虫虫动物园

[英]尼克·贝克 著

张劲硕 译

科学普及出版社

· 北 京 ·

DK
Penguin Random House

Original Title: Bug Zoo
Copyright © Dorling Kindersley Limited, 2010
A Penguin Random House Company

本书中文版由Dorling Kindersley Limited授权科学普及出版社出版，未经出版社许可不得以任何方式抄袭、复制或节录任何部分。

著作权合同登记号：010-2020-7524

版权所有　侵权必究

图书在版编目(CIP)数据

虫虫动物园 / （英）尼克·贝克著；张劲硕译. --北京：科学普及出版社，2021.3
书名原文：Bug Zoo
ISBN 978-7-110-10217-6

Ⅰ. ①虫… Ⅱ. ①尼… ②张… Ⅲ. ①昆虫学—儿童读物 Ⅳ. ①Q96-49

中国版本图书馆CIP数据核字(2020)第258828号

出 版 人	秦德继
策划编辑	邓　文
责任编辑	郭　佳
美术编辑	朱　颖
责任校对	张晓莉
责任印制	李晓霖

科学普及出版社出版
北京市海淀区中关村南大街16号 邮政编码：100081
电话：010-62173865 传真：010-62173081
http://www.cspbooks.com.cn
中国科学技术出版社有限公司发行部发行
当纳利（广东）印务有限公司印刷

＊

开本：635毫米×965毫米 1/16 印张：4 字数：120千字
2021年3月第1版 2021年3月第1次印刷
ISBN 978-7-110-10217-6/Q·257
印数：1—8000 册 定价：48.00元

它是谁？

For the curious
www.dk.com

FSC
混合产品
源自负责任的
森林资源的纸张
FSC® C018179

目 录

你们知道我
吃什么吗?

引　言

　　为什么我要开办虫虫动物园？ 哦，为什么不呢？虽然虫子随处可见，可这并不意味着你在常规动物园里看到的动物会比它们更有趣。实际上，了解这些生活在你眼皮底下的小生命的机会，可并不比你在常规动物园中了解珍稀动物的机会多呢！

　　在我成长的过程中，我的父母不允许我在房子里饲养小动物。不过，我可不是在埋怨他们。因为他们禁止我的原因非常合理：不是我的竹节虫跑出去吃光了妈妈的盆栽，就是我忘记盖上蚁城的盖子了……但这些小小的意外并没有妨碍我和虫子们的亲密接触。当我发现家里有一间旧棚屋后，就立刻偷偷地把它改建成了一间收藏室。接着，我怀着强烈的好奇心，找来了一些罐子，建立了我的第一个虫虫动物园。哇，这下可真让我大开眼界！

　　每一个广口瓶、每一个大罐子和每一个火柴盒都是奇迹的源泉，都是充满刺激的奇妙小世界。我亲眼见证了那些像科幻电影一样的场景——其中一些虫子简直奇异怪诞得令人胆战心惊，完全不适合小朋友观看。我看到了谋杀和同类相食，看到了大屠杀和化学战。我观察到了毛毛虫羽化成蝶，并了解到瓢虫和高雅贤淑其实一点儿关系都没有。（注：瓢虫的英文名为"ladybird"，直译为"淑女的小鸟"。）

　　如果各位小朋友想沉浸在陌生的虫子世界中尽情享受乐趣，建立一个虫虫动物园绝对是最完美的方式了。当你的视角变得和它们一样时（那就意味着真正的接近——眼睛变成复眼，手指变成触角），你看到的一切都将是新鲜且完全不同的：草坪变成了稀树草原，树篱变成了森林，庭院池塘变得像深海一样神秘。你甚至不需要发挥想象力——未知的世界就在你的眼前，各种令人难以置信的动物是真实存在的。你所需要做的只是睁开眼睛，仔细观察。

　　建立一个虫虫动物园意味着你会变成一个探险家、一个猎手、一个动物标本收藏者，当然，更是一个动物饲养者。你并不需要准备太多的东西，历险马上就能开始啦——只要一张桌子和一些罐子就足够了。至于展品嘛，你可以去任何地方捕捉。赶快进入虫子的世界吧，我向你保证：你永远都不会感到无聊。

祝你狩猎愉快！

尼克·贝克

　　在此，我自豪地将这本书献给我家的虫子猎手——埃尔维。他学会的第一个词就是"蛾子"！

符 号

书中会出现一些符号，下面是它们
分别代表的含义：

在哪儿能发现虫子及
如何捕捉它们

如何饲养它们

可以展示更多虫子自然行
为的有趣活动

湿度控制及其他关于维护虫虫
动物园的建议

当你看到这个警告符
号时，请立刻向父母
或其他大人求助！

那个家伙
长得好恐
怖啊！

开饭喽

必备工具

所有动物园的饲养员都需要一些特殊的工具来完成他们的工作，比如，清理猴子粪便的扫帚、铲子及移开蛇类的特殊钳子。你的虫虫动物园也同样需要这样的工具。所以，只要手中有了合适的工具，做起事来就更加得心应手。在这里，我要告诉你一个好消息：你需要的绝大多数工具都能够在家里找到，所以不必动用储蓄罐里的零用钱啦。

厨房用纸巾

这是我最喜欢的实用材料。它可以铺在容器的底部、擦去黏液的痕迹、挡住花瓶瓶口（防止虫子被淹死）并提供水分。

笔记本

在笔记本里记录下虫子的生活是个绝妙的主意。你可以测量它们的生长情况，密切注意它们羽化、交配和取食的情况。如果看到一些有趣的现象，你一定要记录下来，说不定你就是第一个观察到这种现象的人哟！

镊子

镊子就像两根加长的手指。不过，它可不是用来直接抓虫子的，而是用来抓取其他细小物件的。你可以将小块的塑料泡沫绑在镊子的尖头上，这样就不用担心把虫子夹疼了。

毛刷笔

即使是最轻柔的手指也可能会将虫子压碎。所以，你得准备一支毛刷笔。我们可以用它拾取伪蝎、推动毛毛虫，甚至可以用它清除难以触及的角落里的虫子粪便。

剪刀

用来裁剪厨房用纸巾或修剪植物。

你可以在笔记本中插入草图或照片。记住，许多数码相机都有微距镜头，可以用来拍下特写镜头。

可以将烧烤用的木质扦子和橡皮筋做成镊子。先将橡皮筋在一根扦子上多绕几圈做轴，然后将其套在另一根扦子上绑紧。

勺 子

捞取各种虫子的理想工具，从水生生物到瓢虫都适用。如果把它和毛刷笔一起使用，就是一套小型的簸箕和扫帚了。

滤勺或茶叶过滤器

这些都是物美价廉的捕捞网。滤勺是在池塘里捞取猎物的最佳工具。我们可以找来一根小棍儿，将它和滤勺用胶带缠在一起，做成一个简易的池塘捞网。而茶叶过滤器可以用来完成一些更细致的工作。比如，在给鱼缸换水时，可以用它将水中的动物从一个鱼缸移到另一个鱼缸里。

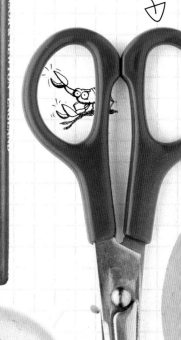

喷雾器

定期喷些温水，能让虫虫动物园保持湿润。

标记

要给你的容器做好标记。记录下虫子的种类、数量，以及捕捉到它们的时间。

铅笔

我喜欢用铅笔而不是钢笔做记录。这样的话，即使笔记本不小心被弄湿了，铅笔的笔迹也还可以阅读。

塑料盖

牛奶盒的盖子和其他装食物或水的容器盖子都可以。

橡皮筋

用来将黑色的网绑在瓶口处。

胶水

胶水可以用来把食物粘在容器的边缘，这样你就可以记录下虫子的吃相了。当然，胶水必须是无毒的。

双面胶

双面胶可以用来粘贴附件，为你的虫子创造一个私密、黑暗的空间。

硬纸板

硬纸板或黑纸可以做成遮挡物或帘子。

网

网（或旧的紧身衣料）可以用来做成虫虫动物园的通风窗。还可以用来捕捉虫子，或是用橡皮筋加固，做成广口瓶的盖子。如果有可能，最好用黑色的网——这样更容易看到容器里面的虫子。

放大镜

这是虫虫动物园里非常有用的工具。因为虫子的个体都比较小，所以放大观察它们的生活，并进行研究会更加有趣！只要放大8~10倍就可以了。最好把放大镜绑上绳子，挂在脖子上，因为你随时随地都可能用到它。

USB接口的显微镜

这个装置很新潮，但不是必需的。不过，如果你有一台计算机，一个USB接口的显微镜就能让你看到虫子令人惊奇的细节。它可以让你自由选择图像，有的图像甚至可以放大到200倍！如果你使用的是高倍显微镜，一个可以弯曲的支架能帮你获得稳定的图像。

捕捉和存放

各位小朋友并不需要用专门的工具去捕捉和存放虫子。经过反复试验，你会发现将家中的瓶瓶罐罐改造成专门容器的窍门：比如装果酱、糖果、巧克力的广口瓶或鞋盒都是非常理想的容器。为虫子建造一个良好居所的秘诀便是选择合适的容器，确保每种虫子都能生活在湿度适宜、温度平衡、通风条件良好的环境中。

捕捉猎物

吸虫瓶的制作

这个装置的名字的确有点儿滑稽。它是一种简单的吸入装置，可以捕捉用普通方法难以抓到的、特别小的虫子。你可以去购买一个专业的吸虫瓶。不过，用家里随处可见的东西也能很容易就做出类似的装置。

1. 请爸爸妈妈帮忙，在一个调料罐的塑料盖上开两个洞。最简单的方法是用烧热的金属扦子在塑料盖上烫出洞来。

2. 分别剪两根长30厘米和20厘米的塑料软管。将两根塑料软管的一端分别穿过塑料盖上的两个洞，并做好洞口的密封。

用吸虫瓶捕捉猎物

在使用吸虫瓶捕捉猎物之前，我们需要事先练习一下。首先试试吸取米饭粒或小纸片吧。把短的那根塑料软管放进嘴里，将长的那根塑料软管对准这些虫子的替代品，然后快速用力地一吸。

当用活的虫子来试验时，首先要确认你要捕捉的虫子能够很容易地通过塑料软管。不要去吸带有黏液、长着长腿或纤细翅膀的虫子，以免伤害到它们。最后提示一下：千万不要吸错塑料管，特别是当你已经把一些虫子抓到瓶子里时。如果真把虫子吸到嘴里，对你和虫子来说可都不是什么愉快的事！

3. 将短塑料软管插入瓶中的那一端用布条包裹上，然后用一根橡皮筋绑牢。这根塑料软管是用来吸气的。

4. 用带颜色的胶带在这根短塑料软管上做好标记。在捕虫时，我们要用这根塑料软管吸气。后面你就会看到，这是非常重要的一个步骤。

随着饲养和研究的虫子种类不断增加，你也将变成一个容器方面的行家！

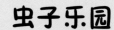

虫子乐园

无论是熟食罐还是方形药盒，几乎所有的小塑料瓶和塑料盒都是运送或饲养虫子的理想容器。此外，你还可以从商店里购买特制的容器。

宠物店的动物饲养箱既可以用来饲养水生的虫子，也可以用来饲养陆生的虫子（需要干燥的栖息地）。由于一些虫子或水可能会从盖子上的沟槽中跑出来，所以你需要在上面罩一层网纱，或是铺上一层塑料布。

在鞋盒和塑料罐上开一个窗口，然后装上一层黑色的网作为观察窗，你便建成了一所舒适的虫子乐园。详见第25页。

与塑料水族箱相比，玻璃水族箱具有更好的视觉效果，但却不容易清洗。详见第57页，你就能了解如何为水族箱制造出新鲜而清洁的水。

用木板、有机玻璃板和大铁夹可以很容易地自制蠕虫养殖箱。详见第30页。

圆形的铁罐可以改造成大型昆虫的栖息地。详见第48页。

鼠　妇

现在，请你到花园里去，将一些东西抬起来——石块、木头、花盆，随便什么东西都可以。这些东西下面一定会有一群看上去像小型犰狳（qiúyú）一样的虫子，那就是鼠妇。尽管它们是很常见的虫子，但它们身上仍有许多新奇的地方，会让你兴奋地把它们抓进你的虫子乐园。

育儿袋

鼠妇的身体是可爱的船形，不过它是一艘倒扣过来的船。雌性个体身上有一个流线型的"育儿袋"，它可以提供足够的空间存放卵。通常，鼠妇会在育儿袋里存放50枚卵，但每个育儿袋的最大容量可以达到260枚。当成虫交配后，卵会在1~2个月后孵化为幼虫。幼虫会在育儿袋中再度过大约一周的时间，然后才离开母体。

生物特征

外骨骼

为了生长，鼠妇必须在某个时期蜕掉它们的外骨骼。它们的蜕皮过程与昆虫不同，分为两个阶段。它们会先脱掉"裤子"，也就是蜕掉后半部分的外骨骼；然后，它们会蜕掉前半部分，就像脱掉"上衣"一样。而蜕下来的外骨骼则会被它们吃掉，再次回收利用。

蜕下来的外骨骼

即将蜕下来的外骨骼

新生的外骨骼

触角

护板

眼

腿

数一数，你会发现鼠妇一共有14条腿。它既不是昆虫，也不是蛛形纲动物。事实上，它们是甲壳类动物——和生活在海洋中的螃蟹和龙虾是近亲。大多数甲壳类动物都生活在水中，而鼠妇生活在陆地上。不过，它们比较喜欢潮湿的地方，因为它们是靠鳃呼吸的。

14条腿

据我们所知，鼠妇的寿命最长可以达到4年。

鼠妇有许多别称，如西瓜虫、潮虫、团子虫、地虱婆等。

近亲

鼠妇属于甲壳纲的一个分支——等足目。最大的等足目动物是巨型等足虫，它的身长竟然可以达到37厘米！这种怪物在海洋中很常见。它们是生活在海底的食腐动物，而鼠妇则是生活在陆地上的食腐动物。

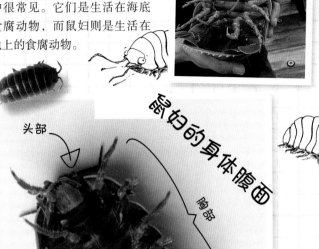

鼠妇的身体腹面

头部

胸部

腹部

腿

鳃

鼠妇和它们生活在海洋里的亲戚一样，是用鳃来呼吸的。鳃上需要覆盖一层水才能保证它的正常工作，这就是为什么鼠妇需要生活在潮湿的地方，一些鼠妇已经进化出了类似肺部的器官，它们看上去就像是鳃上的一块白斑。这些白斑上布满了空气管，帮助鼠妇从空气中获得氧气。

尾肢

大多数鼠妇都有一对小尾巴，我们称为尾肢。像龙虾这样的水生甲壳类动物具有大型的尾肢，它们可以借助尾肢来游泳。而鼠妇的小尾肢则可以用来产生防御性的化学物质和吸收水分。

球鼠妇可以蜷成球形来抵御危险。

鼠妇的种类

鼠妇共有几千个品种，但最常见的就是下面提到的这5种。它们原产于欧洲，现在已经随着人类的迁徙而出现在世界各地了。

糙皮鼠妇

（*Porcellio scaber*）

这是花园中最常见的品种，体表灰色，很容易辨认。它喜欢比较干燥的地方，通过放大镜观察，你会发现它的身体表面覆盖着一层小小的突起。它的体长大约为17毫米。

普通亮鼠妇

（*Oniscus asellus*）

这也是花园中很常见的品种之一。看上去体表光滑，带有微黄色的斑点，体长最长能达到16毫米。

球鼠妇

（*Armadillidium vulgare*）

这个独特品种的明显特征是具有光滑的表面和几乎能够完全伸展的身体。它的体长可以达到18毫米。当球鼠妇受到惊扰时，会立刻蜷成球形，这种鼠妇是非常少见的。它生活的地方比其他鼠妇更干燥一些。

条纹鼠妇

（*Philoscia muscorum*）

个体较小，体长约为11毫米，颜色也各有不同，有砖红色、黄色、棕色和灰色。但无论条纹鼠妇身上是哪种颜色，它的背上都有深色的条纹。

普通倭鼠妇

（*Trichoniscus pusillus*）

普通倭鼠妇个体非常小，身长只有5毫米。它其实很常见，但经常因为太小而被忽略。最容易发现它的地方是林地的落叶层中。普通倭鼠妇具有尖针粒一样细小的黑眼睛（每侧有3只），触角尖端像头发丝一样细。

用一个塑料盒就可以饲养鼠妇了。

鼠妇乐园

鼠妇很容易饲养。建造鼠妇乐园的关键是要弄清楚它们的基本需求：它们喜欢黑暗和略微有点儿潮湿的环境——不要完全湿透。找一个塑料的或玻璃的盒子或罐子，再放一点儿土壤进去就可以了。因为鼠妇喜欢躲起来，和你玩儿捉迷藏，所以你需要为它们提供一个舒适阴暗的藏身之处。

想抓住鼠妇的话，你可以在花园里放一个挖过洞的马铃薯。鼠妇喜欢黑暗和潮湿的地方，它们很快就会爬到马铃薯里去。

鼠妇乐园

黑色的"窗帘"

1. 想要找到大量鼠妇的话，你可以搬开腐烂的木头或石头看看。鼠妇可能就藏在里面。如果晚上带着手电筒出去，你很容易就会发现在墙上、露台上和花坛里爬来爬去的鼠妇。

2. 在塑料盒底部铺上一层土或全能肥料。它们不光能为鼠妇提供充足的食物，还可以帮助控制鼠妇乐园的湿度。如果你喜欢的话，还可以放一些"家具"在里面，给鼠妇乐园增加更多情趣。

3. 将一块树皮倒扣着放到塑料盒里，好让鼠妇藏在里面。你可以用小石块将树皮支撑起来，或是用密封胶将它固定好。

4. 为了保持黑暗，你可以在塑料盒外面粘一张深色的卡片，做成遮光的"窗帘"。但要确保你能很容易地掀起它，方便你观察鼠妇。

为了保持鼠妇乐园的湿度，你需要每周用喷雾器向里面喷两次水，再往塑料盒里放一些潮湿的苔藓。

鼠妇是食腐动物，它们的食物都是死去的东西，主要是植物类，如木头、树叶及植食性动物的粪便。你也可以为鼠妇加几片胡萝卜或几块马铃薯，丰富一下它们的食谱。

虽然鼠妇的粪便会越积越多，但你不必清理它们——鼠妇会吃掉这些粪便。食物经过鼠妇的肠道后，还有90%尚未完全消化，所以这些包含粉末状干燥木屑的粪便还可以成为它们的下一顿大餐！粪便在物质循环过程中也非常重要，因为将木屑变成软球状的肥料有利于其他生物对其消化利用。

蜘蛛

鼠妇可以产生防御性的化学物质，使它们的味道变得难以下咽，让大多数捕食者望而却步。所以，只有极少数的动物以它们为食，如鼩鼱（qújīng）、蟾蜍（chánchú）和被称为鼠妇蛛的蜘蛛。

啊，蜘蛛！

标 记
确定并分辨生活在同一个群体里的每只鼠妇是一件很困难的事情。不过，你可以用无毒的马克笔或颜料在每只鼠妇头顶做一个彩色标记，然后记录下每只鼠妇的特征及每天的活动区域。记住，当鼠妇蜕皮之后，它身上的标记也会随之一起蜕去哦。

5.把你的猎物放进去。

树皮

马铃薯

6. 大约一天后，鼠妇就会适应新家，并找到藏身之处。你可以掀起"黑窗帘"来观察它们，但掀开的时间不能太长。因为当它们看穿你的企图后，它们将离开这里寻找新的藏身之处。

蛞蝓和蜗牛

大多数人都不喜欢蛞蝓（kuò yú）和蜗牛，因为它们中的一些物种以花园中的植物为食。然而，如果你更深入地了解它们，你将会发现它们虽然有点儿黏糊糊的，但也充满了令人着迷的魅力。你会惊奇地发现它们不再那么令人厌恶了。

蛞蝓可以看成是没有壳的蜗牛。没有壳就意味着它们能轻松地溜进狭窄的缝隙里，钻到土壤里。但与此同时，它们的皮肤也就更容易变干。

毛蜗牛

外套膜

生物特征

远方表亲

认识一下这个大家族

蛞蝓和蜗牛同属软体动物大家族。软体动物多生活在水中，包括章鱼、乌贼和所有有贝壳的生物。这些贝壳里的居民分为两种：一种是贝壳分成两扇的，如蚌和蛤；另一种就是腹足动物，它们在海边很常见。蛞蝓和蜗牛就属于腹足动物。"腹足"的意思是"肚子上的脚"。如果你观察过一只蜗牛是如何行走的，就会明白这个名字多么贴切了。

壳

大多数蜗牛的壳都是右旋的，也就是说，蜗牛壳的螺旋从中心沿顺时针方向（向右）盘旋。但如果你足够幸运的话，你也可能找到左旋的蜗牛，它们是非常罕见的，被称作"蜗牛王"。

尾部

这可不是真正的尾巴，而是足的后缘。

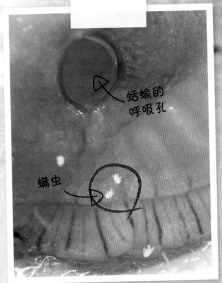

蛞蝓的呼吸孔

螨虫

呼吸孔

蛞蝓和蜗牛都是通过外套膜上的一个孔来呼吸的。如果近距离观察蛞蝓呼吸孔的周围，你可能会发现一些进进出出的白色小颗粒，这些都是生活在蛞蝓皮肤上的螨（mǎn）虫。

世界上最大的陆生蜗牛是非洲大蜗牛。一只非洲大蜗牛完全展开时，身长能达到39.3厘米！

14

生长脊突

蜗牛壳是由一种叫作碳酸钙（粉笔的主要成分）的物质组成的。这种物质是蜗牛从食物中摄取的。仔细观察蜗牛壳，你会看到一些细小的脊突。因为蜗牛壳冬季生长缓慢，春季生长较快，所以便形成了这样的生长环。

粉笔

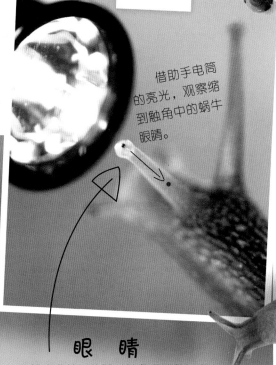

借助手电筒的亮光，观察缩到触角中的蜗牛眼睛。

外套膜

蜗牛体壁上有一层特殊的膜，被称为外套膜，它能产生构成蜗牛壳的物质。当蜗牛缩回壳中时，我们看到的留在壳外的那一部分就是外套膜。而蛞蝓的外套膜是它背上厚厚的、像皮革一样坚韧的部分。

眼睛

蜗牛在较长的那对触角顶端各长有一只像小黑点一样的小眼睛。它的眼睛只能感受明暗，看不到东西。用手指摸一下蜗牛的眼睛——它会立刻缩到触角中，同时触角向内卷起，就像卷起的袖子一样。稍等片刻，当血液重新充盈到触角中后，它又会恢复原样。

壳的边缘

如果我们发现蜗牛壳的边缘很薄，说明这只蜗牛仍然在生长。如果蜗牛壳边缘完好厚实，则说明这只蜗牛已经完全长成了。

触角

在身体前端来回摆动的4个触角是蜗牛主要的感觉器官。较长的那一对上面都有眼睛，而较短的那一对主要负责触觉、味觉和嗅觉。

非常敏感

嘴

蛞蝓和蜗牛用一种被称为齿舌的特殊舌头（上面覆盖着细小的牙齿）来刮取树叶。

足

这可不是传统意义上的足，它是一个由许多肌肉组织构成的器官。当蜗牛移动时，它就像是蜗牛用来在自己分泌的黏液上冲浪的冲浪板。

足的边缘

眼睛

给软体动物们建一所大房子

对于小型的蜗牛物种来说，随便什么侧壁光滑的容器都可以当作它们的家。但对于大一些的蜗牛物种，比如常见的田园蜗牛来说，就需要一个大罐子或旧鱼缸了。而且你的蜗牛乐园还必须装上一个蜗牛无法顶开的防护盖。此外，你既要使蜗牛乐园保持湿润，又要保持充分的通风，可不要让蜗牛乐园里的东西发霉变臭呀。

寻找你的宠物

在温暖潮湿的夜晚，我们随处都可以找到蛞蝓和蜗牛。但是在白天，除了一条银白色的痕迹以外，你什么都找不到。这是因为这些动物的皮肤很薄，在明媚的阳光下，在有风的时候很容易失去水分。所以，只有当太阳落山、湿度上升后，它们才会从躲藏的地方钻出来。如果想在白天找到它们，我们可以在石头和花盆下、在常春藤后面、在黑暗潮湿的缝隙中寻找。

维护你的

"腹足宠物"宫殿

饲 养

很快你就会知道蛞蝓和蜗牛多么挑剔了——不是所有的蛞蝓和蜗牛都喜欢吃生菜叶，即使园丁们可能一直都是这样认为的！给你的小家伙们一个尝试的机会，让它们按照自己的食性选择食物。可以试着给它们黄瓜、番茄、野生植物、枯叶、草和枯死的木头。一定要把食物放在小盘子里，并保持清洁。

湿度的控制

如果蜗牛乐园里的蜗牛不再运动，可能是因为它们感觉太干燥了。天气干燥时，蜗牛会进入一种休眠状态，甚至会用一块防水的硬壳把自己的外壳封起来。为了保持蜗牛生活环境的湿润，可以每天给它们喷些水，并减少通风，使水分不会散失得太快。

蜗牛乐园

不要忘了盖上防护盖。

如果玻璃上沾有蜗牛的黏液，可以用湿海绵或抹布擦干净。

枯死的木头

在罐底放一些土壤

16 大白鲨和田园蜗牛有什么共同之处呢？（答案见第17页）

注意这些长着透明壳的玻璃蜗牛。

研究你的猎物

✋ 标记

为了追踪每一个个体的活动，我们可以用一支永久性记号笔或指甲油在蜗牛壳上写上数字，做好标记。同样，花园里的蜗牛也可以做这样的标记。例如，架子下面的蜗牛可以用红色的数字1~10来标记，常春藤下面的蜗牛可以用黄色的数字1~10来标记。等到了晚上，你可以带着手电筒出来观察它们的位置，并记录在花园的地图上。看看它们到底走了多远？它们都平安到家了吗？

老居民

上面那只蜗牛的主人用指甲油将它的第一年涂成了紫色，第二年涂成了粉红色。而后发现，这只蜗牛现在仍然快乐地生活着，涂上去的颜色也没有发生任何变化。

齿舌

✋ 探索齿舌的秘密

为了看到蜗牛嘴巴的活动情况，你可以把蜂蜜、水和落叶的混合物涂抹在蜗牛乐园的内壁上，等待你的蜗牛发现这些美味（或者把一只蜗牛放在玻璃上）。当蜗牛爬过来享受美食时，你便可以从蜗牛乐园外面看到它特殊的舌头——齿舌。

森林葱蜗牛

嗯，新鲜面包味儿！

据说，一只田园蜗牛能够嗅到50厘米外的食物味道。

✋ 嗅觉测试

如果你找到了蜗牛最喜欢吃的食物，为什么不来测试一下它们的嗅觉能力呢？先饿它们几天，刺激一下它们的胃口。（不用担心，在法国，人们在烹饪蜗牛之前都是这样做的——至少你的蜗牛不会被吃掉。）然后，把蜗牛放在一张光滑的桌子上，把食物放在它附近，仔细观察。你可以移动食物，看看蜗牛是不是能够跟着食物移动。它们能够作出反应的最远距离又是多少呢？

为了外壳的生长，蜗牛需要补充足够的钙质。喂它们吃墨鱼骨是最简单的方法，宠物店里都能买得到。

分辨！蜗牛很擅长重复一件事情，比如爬出你为它们布置的迷宫。

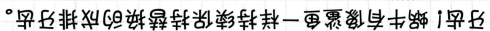

蚜 虫
一群饥饿的家伙

认识一下这个大家庭

世界上大约有4500种蚜虫，最常见的就是我们在蔬菜上发现的蚜虫：绿蚜虫和黑蚜虫（但它们都不是真正的蚜虫，因为它们在一年里的大多数时间都没有翅膀）。这个家族其余的物种具有各种各样的颜色，包括粉色、黄色、灰色、花斑和白色。所有的物种都是通过把口器刺入植物，吸取植物流出的汁液为食的。

蚜虫，也被称作腻虫或蜜虫，是世界各地的园丁都憎恨的一种植食性害虫。我在这本书中介绍它们，不仅是因为它们是虫虫动物园中其他许多物种（比如瓢虫）的食物，更因为蚜虫本身就是很令人着迷的小动物。借助放大镜或显微镜的帮助，你将会发现一些奇怪的把戏，就是它们让这些小虫子具有如此大的影响力。

在适宜的条件下，一只蚜虫就可以繁殖出一个具有数十亿成员的大家庭。

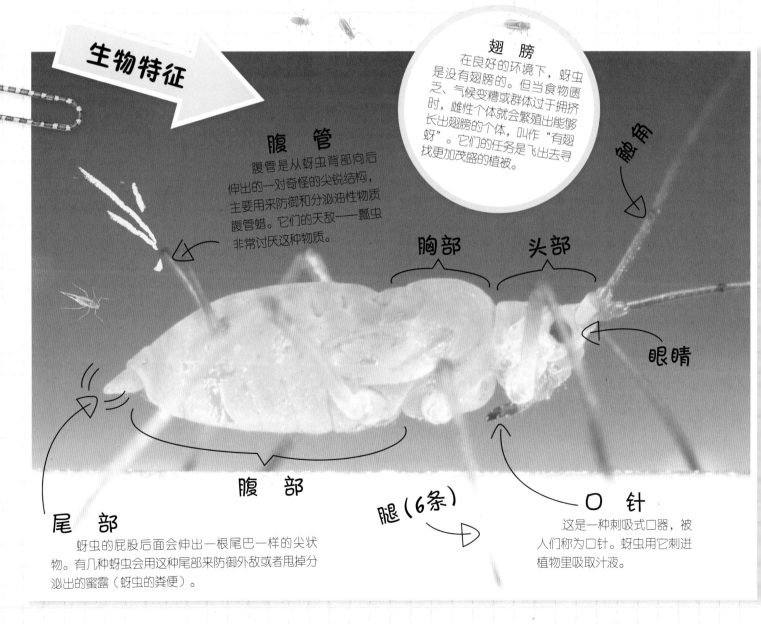

生物特征

翅 膀
在良好的环境下，蚜虫是没有翅膀的。但当食物匮乏、气候变糟或群体过于拥挤时，雌性个体就会繁殖出能够长出翅膀的个体，叫作"有翅蚜"。它们的任务是飞出去寻找更加茂盛的植被。

腹 管
腹管是从蚜虫背部向后伸出的一对奇怪的尖锐结构，主要用来防御和分泌油性物质腹管蜡。它们的天敌——瓢虫非常讨厌这种物质。

胸部

头部

触角

眼睛

腹 部

腿（6条）

尾 部
蚜虫的屁股后面会伸出一根尾巴一样的尖状物。有几种蚜虫会用这种尾部来防御外敌或者甩掉分泌出的蜜露（蚜虫的粪便）。

口 针
这是一种刺吸式口器，被人们称为口针。蚜虫用它刺进植物里吸取汁液。

寻找蚜虫

在春季和夏季，你可以在香豌豆、蚕豆、玫瑰、蓟、大荨麻和枫树的叶子及叶柄上找到蚜虫。如果你的花园里没有这些植物，你可以在春季种一些蚕豆和香豌豆，蚜虫不久就会出现。

蚜虫乐园

你并不需要给蚜虫建造一所真正的房子。饲养蚜虫只需要一株长满蚜虫的植物和一个大广口瓶或花瓶。用剪刀剪下一根植物枝条，然后小心地移栽到广口瓶中。之所以要"小心"，是因为如果你摇动了枝干，蚜虫会认为自己受到了大型捕食者的攻击，就会掉落下来。饲养蚜虫的广口瓶要放在有阳光的地方——窗台是一个理想的选择。

把蚜虫乐园放在黑色的垫子或纸上，这样你就可以搜集到蜕皮和滴落的蜜露。

喂养蚜虫

随着蚜虫的大量繁殖，如果它们全都吸食一株植物的话，种群的数量就会变少。为了确保它们有足够的食物，就要加入新鲜的枝叶。蚜虫很挑剔，总是喜欢食用一种类型的植物。要确保新枝和旧枝接触在一起，这样蚜虫才能找到新枝，并且爬过去进食。

香豌豆

蚜虫

让植物的下部浸在水中

减小种群密度

如果蚜虫变得拥挤了，你就需要减小这个种群的数量，否则这个种群就会繁殖出长翅膀的雌性蚜虫——飞出去寻找新的植物。你可以用一支毛刷笔将多余的蚜虫扫到容器中，并用这些蚜虫去喂瓢虫，或是把它们放回到花园中——不过这样做可能会让你的父母疑惑不解！

哇，蚜虫真好吃！

蚜虫的秘密武器

（答案见第21页）

有一个实验可以向你展示为什么蚜虫的存在是一个奇迹。首先，找到一根带有蚜虫的枝叶，把最大、最肥、没有翅膀的那只蚜虫留下来，清除掉其余的蚜虫。它是一只雌性个体，是一个种群的创立者。现在，你的工作就是每天记录枝叶上的蚜虫数量。用不了多久，枝叶上就会出现大量的蚜虫宝宝……

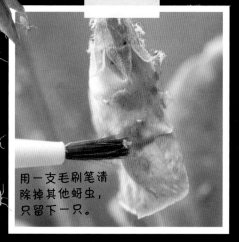

用一支毛刷笔清除掉其他蚜虫，只留下一只。

第一周　第二周
第三周

一只雌性蚜虫的寿命是一个月左右，每天可以生出3~8只小蚜虫。这些刚刚出生的个体已经"怀孕"了，一周以后就可以生产。通过这种方式，一只雌性蚜虫一年可以繁殖数十亿只蚜虫。如果这个种群的所有后代都能存活下来，并且自己也开始繁殖的话，一年之后，你饲养的蚜虫可以连成一条绕地球四圈的线。它们会吃掉大量的香豌豆！幸运的是，这样的事情是不会发生的，因为其他动物也会吃掉许多蚜虫。

单性生殖

蚜虫的秘密武器就是能在没有交配的情况下完成生殖，这就是大家熟知的单性生殖。相当多的虫子都有单性生殖的能力，这可以让它们快速繁殖，抢占更多的食物资源。为了进一步提高速度，蚜虫繁殖出来的都是幼体而不是卵。正如我们所看到的，这些幼体在出生时就已经怀孕了。科学家们将其称为重代现象——这就像俄罗斯套娃，只不过套在一起的是活生生的虫子罢了。

蚜虫像蜜蜂一样生产的"森林蜜"是什么呢？（答案见第21页）

蜕 皮

和所有昆虫一样，蚜虫也有外骨骼，必须通过不断地蜕皮才能生长。蚜虫乐园里的蚜虫数量众多，因此总有一些蚜虫在蜕皮。仔细观察它们是如何撕开老皮，然后倒着将皮蜕下来的。把一张黑纸放在饲养罐下面，观察它们蜕下来的成堆空壳。

翅 膀

每年年底时，种群里就会出现长着翅膀的雌性个体和雄性个体。它们交配后就分开，接下来雌性个体进入冬眠状态或开始产卵。但如果此时种群过于拥挤，长着翅膀的雌性个体可能会在其他时候出现。

> 蚜虫将它们尖锐的口针插入植物的叶脉后，便坐在一旁，等待甜美的汁液涌进它们体内。甚至不必用力吸，汁液也能慢慢流进它们口中！

蜜露粪

如果近距离观察蚜虫，便能发现它们尾部明亮的小液滴，这就是蚜虫的粪便，叫作蜜露。蚜虫通过侵入植物的叶脉系统盗取香甜的汁液，这种汁液是由叶子生产出来的，通过叶脉输送到植物全身的。它富含糖分，但蛋白质含量很少，所以蚜虫必须吸取大量的汁液才能获得生长所需的营养。多余的水分和糖类则从蚜虫的尾端排出，形成蜜露。

外 皮

蚜虫乐园里的一些蚜虫可能会突然停止运动、改变颜色。如果近距离观察，你会发现它们的身体变成了空壳，腹部上有一个小洞。这是寄生蜂的卵孵化出的幼虫在内部将蚜虫吃光后剩下的"木乃伊"。寄生蜂的幼虫在变成成年蜂之前，会从蚜虫腹部的小洞里钻出来。这可不是一种舒适的死亡方式！

蚂蚁牧场主

蚂蚁会为了采集蜜露而养殖蚜虫，而且它们可以帮助蚜虫抵御天敌。甚至在食物枯竭的时候，蚂蚁会把蚜虫搬到周围的植物上去。作为回报，蚜虫会像奶牛一样，为蚂蚁提供"奶"。

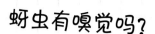

蚜虫有嗅觉吗？

用一支毛刷笔轻触蚜虫，观察它的反应。你可以看到一些液体从它的腹管末端流出来，这种蜡状分泌物十分黏稠。某些蚜虫的分泌物中还含有难闻的化学物质，这种气味代表了一种预警信息素，是在警告其他的蚜虫将会遭受攻击。

> 快逃！

在毛刷笔上涂一些这样的分泌物，并把它放在蚜虫的周围，观察会出现什么现象。蚜虫们会纷纷拔出口针，从植物上跌落下来，迅速逃离这个气味源，逃离这个危险地带。把这支毛刷笔拿到一个未受干扰的蚜虫种群中，看看需要放得多近才能让它们嗅到这种信息素并作出反应。

蚜虫的粪便（蜜露）竟然是一种绝顶美味，甚至还很受欢迎！

毛毛虫

我们都知道毛毛虫会变成蝴蝶或蛾子。但它们究竟是如何变成另外一种形态的呢？这种神奇的转变过程是自然界极其奇妙的现象之一。你只要了解到一些基本信息，就能在家里亲眼见证这神奇的一幕。你所需要做的就是抓一些毛毛虫（大多数物种都可以）并好好喂养它们。不过要提醒大家：毛毛虫可是特别能吃的家伙！

生命周期

蝴蝶的生命周期被我们称为"完全变态发育"，这意味着成虫和幼体的形态完全不同。昆虫的完全变态发育要经历四个阶段：卵、幼虫、蛹和成虫。

卵

成虫（蝴蝶）

幼虫（毛毛虫）

蛹（茧）

红色海军蝴蝶

刚毛

毛毛虫身上长着许多具有触觉的毛，被称为刚毛，它们可以探知物体、感受振动。

腹部

孵化

一只毛毛虫简直就是一台食物加工机，它们唯一的工作就是进食和成长。在破卵而出后，新生的小毛毛虫只有几毫米长。它们通常会吃掉自己的卵壳（如果不这样做的话，一些种类的毛毛虫便无法生存下来）。一旦它们破卵而出，好戏便上演了……

从孵化出壳到最后一次蜕皮，毛毛虫的体重会像吹气球一样飞快增长。天蛾的毛毛虫在20天内体重就会增长一万倍！虽然它们的身体非常柔软，但外骨骼（虽然也具有一定的伸缩性）仍然会限制它们的生长。因此，在成长过程中，毛毛虫必须蜕掉4~5次皮。最后一次蜕皮后会出现茧或蛹，这是期间所发生的最终且最神奇的变化。

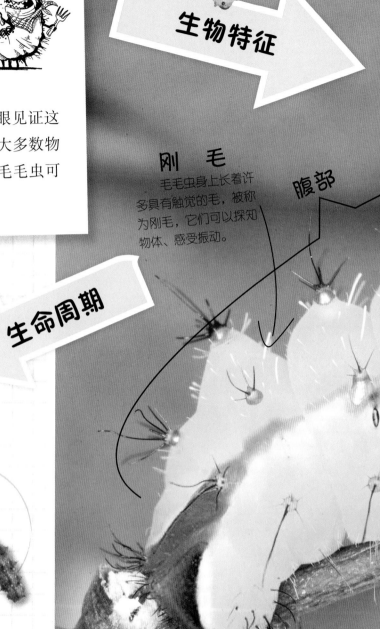

猫头鹰蝶的毛毛虫

瘤突

许多毛毛虫身上都有疣状凸起，人们将其称为瘤突。瘤突上经常长着刺或刚毛，其中一些是有毒的（但不是所有的毛毛虫都有毒）。

柞蚕蛾的毛毛虫

胸部

触角

头部

伪足

毛毛虫真正的腿后面的五双腿被称为伪足或腹足。这让我想起了小人儿的胳膊和腿，它们也都是又短又软的。每条伪足的末端都有一个像尼龙搭扣一样的细小钩状物，被称为趾钩。

真正的腿

数数毛毛虫的腿，你会发现它们一共有16条腿。但它是昆虫啊，不是应该只有6条腿吗？这是怎么回事呢？哦，原来它们身体前部有6条真正的腿，看上去和昆虫的腿一模一样。

呼吸孔

仔细观察毛毛虫的身体，你会看到每一节身体上都有呼吸孔。空气通过这里进入呼吸管，然后被输送到毛毛虫全身。

第五龄

第一龄

眼

毛毛虫头顶的每一侧都有一簇非常简单的眼，被称为单眼。单眼"看"不见东西，只能感受光线的明暗。

上颚（嘴）

君主斑蝶的毛毛虫

君主斑蝶的毛毛虫只需两周便能达到最大体形，其间需要蜕皮4次。蜕皮过程中的不同阶段被称为"龄"。

口 器

毛毛虫也有上颚，它可以左右活动，将树叶切碎。下面是一对小一点儿的下颚，用来品尝食物，以确认食物是否符合口味。

毛毛虫"别墅"

当你要饲养毛毛虫时，请你记住，在自然环境下，毛毛虫可以生活在沙拉碗里，不会为了多吃一点点食物就跑得很远。在用新鲜食物喂饱它们的同时，你需要防止它们的"别墅"发霉或变得太过潮湿，这样会让细菌和真菌大量繁殖——这可是毛毛虫的两个头号大敌。

寻找毛毛虫

在春季和夏季，你可以在树木和灌木丛的叶子下面寻找毛毛虫。还有一个办法是拍打树干。在树冠下面铺一块白布或放一把倒置的伞，用一根棍子使劲儿敲击树干，树上就会掉下来一些虫子，里面可能就有毛毛虫。搜集毛毛虫的最好方法是找到雌蝶产卵的地方，去采集它们。这样，你就能知道你饲养的是哪一种毛毛虫了。

获得毛毛虫最简单的方法就是通过包裹邮寄。许多蝴蝶饲养者会给你邮寄虫卵、毛毛虫或蛹。这听起来有点儿像作弊，不过这是一个获得新奇物种的好办法。

如果想要移动毛毛虫，请用一支毛刷笔轻轻推动它们。

建造毛毛虫乐园

随着毛毛虫不断成长，它们会需要更大的容器。如果要孵化虫卵、饲养小毛毛虫，只需要在小塑料盒里铺一张厨房用纸巾就可以了。不过，这种小塑料盒会由于水蒸气的凝聚而变得潮湿闷热。为了改善空气的流动性，我们可以在塑料盒的盖子上开一个洞，然后蒙上一张网。大一点儿的毛毛虫需要更高的容器，比如，将一棵植物插进一个装有水的花瓶或罐子里。涂过清漆的硬纸板盒（见右图）也是非常合适的材料。另外，用饼干桶做成圆柱状的毛毛虫乐园也是一个不错的主意。

1. 要将硬纸板盒改建成一个毛毛虫乐园的话，需要先在纸盒的一边开一个窗。如果你用的是鞋盒，就在盖子上开一个窗。

2. 用快干清漆将纸盒内外都刷一遍，做好防水工作。这样可以防止纸盒因为受潮而裂开。

塑料盒可以改建成毛毛虫温暖的家。

3. 把买来的细纱网或旧丝袜粘在窗口上（黑色的网最适合）。这样你就可以很容易地看到纸盒里的一切状况。如果你没有鞋盒，就用硬纸板做一个框架，然后覆上细纱网。

4. 在盒底铺上吸水的纸巾，放进一棵合适的植物。植物的叶子一定要接触到盒壁，这样能让蠕动的毛毛虫很容易就爬上盒子的边缘。再往花瓶或水罐中放入一些毛织品，以防毛毛虫掉进水中。

毛毛虫乐园

喂 食

毛毛虫需要规律地进食合适的植物种类才能健康成长。在用新鲜植物替换快要吃光的植物时，要先把新的植物放到花瓶里。大约一小时后，毛毛虫就会爬到新的植物上，这时你就可以小心地把旧的植物移走了。你也可以将没有爬到新鲜植物上的毛毛虫轻轻地放上去，但如果它们快要蜕皮了（见右图），就不要再移动它们，把它们所在的旧枝叶保留下来。

新鲜的食物 ▷

柞蚕蛾的毛毛虫 ▷

清除粪便

毛毛虫是一群贪吃的"小饭桶"，每天都要产生大量的粪便（科学家们把它叫作蛀屑）。为了保持环境清洁，防止毛毛虫生病，毛毛虫乐园每天最少要清扫一次。将盒底铺着的纸巾连同粪便一起扔掉，再把盒子内部擦干净。

蛀屑 ▷

请给我一件大号的衣服！

如果毛毛虫变得不爱运动，或是看上去颜色变浅了，说明它要蜕皮了。这时，它的头后面会出现一个隆起。如果你碰它一下，它并不会飞快逃走，只是左右晃动。在这时移动毛毛虫会对它造成伤害，甚至有死亡的危险。所以，不要惊动它，密切注意它的状况就可以了。大多数毛毛虫在蜕皮时会用丝结成一个很难被人发现的小茧（除非它正好停留在容器的一边），然后用后足钩住丝茧。这时，它头部的膜会打开一个"Y"形的小口，长大的"新"毛毛虫会从里面爬出来，而旧的外皮就留在那团丝上。蜕皮之后，毛毛虫要稍微休息一下。等到柔软的新皮肤变硬后，毛毛虫就会继续做它最擅长的事情——大吃特吃。

帝王蛾的毛毛虫（第五龄期）▷

蜕下的皮

一条毛毛虫的全身大约有四千块肌肉，其中有二百多块都分布在它的头部。人类至多只有850块！

25

蛹

当毛毛虫的身体变得很大并且吃不下东西时，有趣的事情就要发生了。即将变成蝴蝶的毛毛虫会离食物远远的，不再四处活动，并将自己的身体挂在叶子或树枝上。即将变成蛾子的毛毛虫会绕着盒子乱跑并努力地把身体埋进土里，或是用丝茧、树叶等把自己包裹起来。

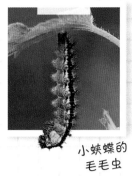

小蛱蝶的毛毛虫

现在，毛毛虫已经做好准备，迎接下一步的变化了。在最后一次蜕皮完成后，毛毛虫很快就会变成完全不同的样子——蛹。要时刻关注你饲养的毛毛虫，因为这是一个绝对不能错过的过程。如果你不确定毛毛虫的物种，就要做好充分的准备以供选择：把一些小树枝、树皮、细腻的土壤放进毛毛虫乐园里。

凤蝶

1.

凤蝶的毛毛虫会先把自己的尾部用细丝绑在树枝上，然后再吐出像安全带一样的丝，固定好自己的位置。

2.

毛毛虫头后部的皮肤会先裂开，从里面钻出来的蛹和它原来的样子完全不一样！蛹柔软而富有弹性，可以通过扭动身体从旧皮中钻出来。

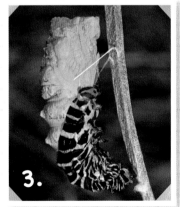

3.

旧皮像一只短袜一样皱了起来。当皮蜕到尾部时，蛹的尾部便会放开树枝，将旧皮抖落到一边，然后将尼龙搭扣一样的臀刺重新挂在丝茧上。

4.

真正的魔法表演现在开始了。蛹里的毛毛虫细胞变成了一种有活性的液体，然后重新组合成为一种全新的形态——蝴蝶。

制作一棵神奇的蛹树

在看似安静的蛹里，生命的脚步并没有停止。但除了偶尔的摆动之外，蛹几乎没有任何活动。这个阶段可能会持续几个星期，但如果蛹是在秋季形成的话，这个过程就很可能跨越整个冬天。蝴蝶的蛹一般挂在小树枝上，如果你愿意，可以把小树枝剪下来钉在板子上或另一根更坚固的树枝上。一定要确保破茧而出的蝴蝶能有足够的空间栖息和展翅。必要的话，把它们的蛹从茧中取出来，重新放到一个用脱脂棉制成的新支撑物上（见下图）。

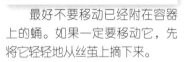

最好不要移动已经附在容器上的蛹。如果一定要移动它，先将它轻轻地从丝茧上摘下来。

让蛹的臀刺钩起一些脱脂棉，要确保小钩从棉花中拉出一些棉线。

用速干胶水把棉花粘在小树枝上，让蛹自然地悬挂在树枝上。

不时地给蛹喷些水防止它们变干，同时避免酷热和强光直射。

小蛱蝶的蛹

当蝴蝶将要破茧而出时，你会发现明显的迹象，因为蛹衣的颜色会发生奇特的变化。蛾子的蛹衣颜色通常会变深，质地也变得更加柔软；蝴蝶的蛹衣则会变得透明。有时候，你可以通过蛹衣提前看到成体翅的颜色。

保存蛾蛹

许多蛾的幼虫会把自己埋到土里化蛹。如果有即将变成蛾子的毛毛虫在你的毛毛虫乐园里化蛹，请把它们放在无菌盆栽土或厚厚的苔藓上，并保持环境阴暗凉爽。注意远离老鼠，因为老鼠非常喜欢吃这些不会动的蛾蛹，把它们当作美味无比的蛋白质点心。

变！

在蛹即将打开时，一定要近距离观察。蛹衣现在又薄又脆，当蝴蝶开始破茧时，首先裂开的是头部。

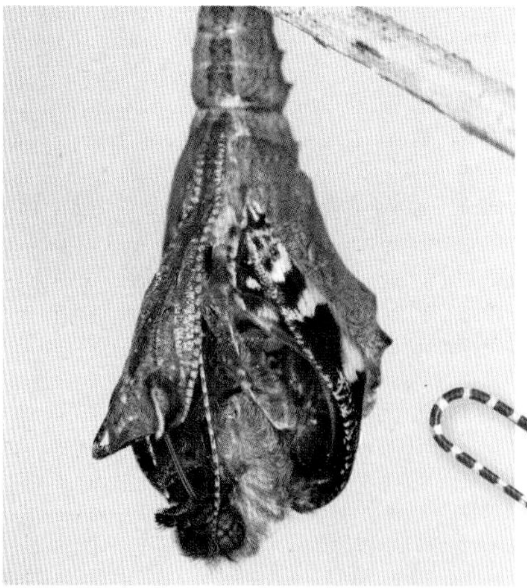

几分钟之内，蝴蝶就会破茧而出，栖息在旧皮上。在这个阶段，它的身体非常柔软、脆弱和湿润，千万不可以触摸它。

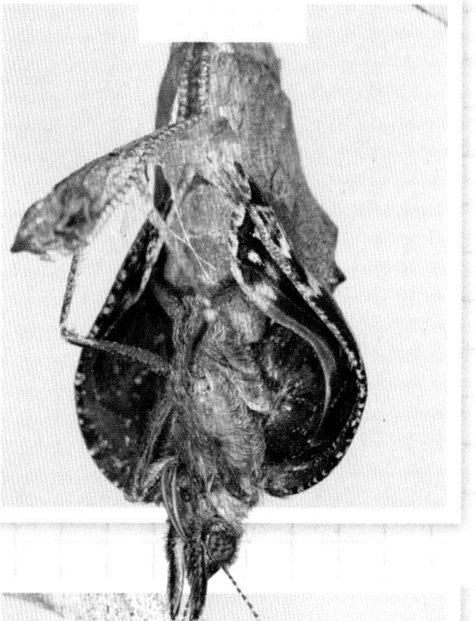

最开始，蝴蝶的翅膀还是皱巴巴并且湿乎乎的。但当它把体液压入翅脉后，翅膀就会舒展开来。大约两小时后，翅膀就会变得干硬，蝴蝶也即将完成飞行前的检查。现在，它已经准备好回到大自然中了。

象天蛾

象天蛾的蛹

别担心，蝴蝶并不是在流血！这种液体被称为蛹便。在蝴蝶将体液输进翅脉之后，多余的体液就会流出来，这是一种正常现象。

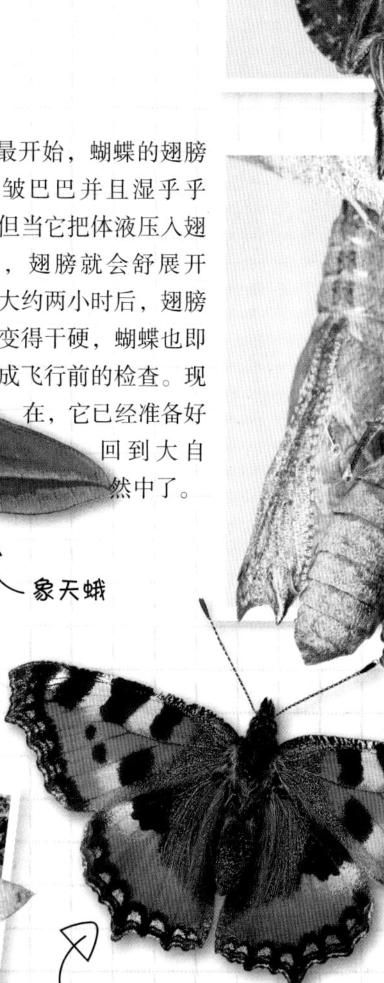

小蛱蝶的成虫

蚯蚓

蚯蚓是你可以养在虫虫动物园里的最低等的动物。它没有眼睛，没有耳朵，没有腿，没有脸，更没有四肢。然而，这种低等生物比这本书中提到的其他任何生物都具有更重要的生态意义。所以，饲养它们是一件很值得做的事情。蚯蚓非常容易饲养。事实上，最大的问题正如你所看到的，它们是蠕虫，它们蠕动着在不停地做着它们最擅长的事情——挖掘。不过，即使你不能经常见到它们，你仍会发现这些天生的回收利用家是多么擅长改良土壤。

打破纪录的小家伙

体形较大的蚯蚓体长可以达到4米，如澳大利亚的吉普斯兰大蚯蚓和亚洲的湄公河巨蚯蚓。

皮肤

蚯蚓的皮肤就是它的眼睛、鼻子和舌头。每平方毫米皮肤上分布着超过700个味觉感受器，这使蚯蚓对周围环境的感知度非常灵敏。蚯蚓看不见东西，但它们的皮肤表面有许多感光细胞，可以感受光线。

生物特征

肛门

尾端

蚯蚓的尾端通常呈扁平状，和船桨的形状差不多，可以像楔子一样伸展开来，将身体塞入洞中。许多蚯蚓会在温暖潮湿的夜晚爬出来到处打洞，并把尾端像锚一样固定在洞中。即使受到最轻微的干扰，它们也会立刻收紧肌肉，缩回洞中。

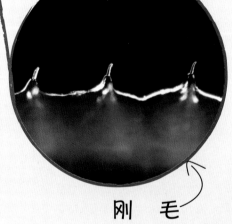

刚毛

蚯蚓的每个体节上都有四对短小的硬毛，它们被称为"刚毛"，可以牢牢地抓住洞壁（尤其是当鸟衔住它们身体的另一端向外拖拽时）。用手指轻轻抚摸蚯蚓的身体，你便能感觉到刚毛的存在。将一条蚯蚓放在干燥的纸张上，可以听到刚毛摩擦纸面发出的沙沙声。

蚯蚓到底是雌性还是雄性？ （答案见第29页）

头 端

蚯蚓所有的重要器官都分布在嘴和环带之间的前身部分，包括5颗心脏、脑、胃和生殖器。一条断成两截的蚯蚓并不能长成两条蚯蚓。它只有前半部分能够生存下来，并重新长出尾部。

环 带

环带是成年蚯蚓最明显的特征。这个比身体其他部分粗一些的器官能够分泌黏液，使两条正在交配的蚯蚓粘在一起。当蚯蚓产卵时，环带上的黏液会从它的身体上脱落下来，形成一个卵茧。

体节

嘴

蚯蚓的种类

红纹蚯蚓
（*Eisenia fetida*）

最容易找到的蚯蚓便是红纹蚯蚓，也叫虎蚯蚓。它们身上长着非常容易辨别的条纹。在遇到危险时，红纹蚯蚓会分泌出一种难闻的黄色液体，这可能是有些国家的人将其称为大蒜蚯蚓的原因吧。红纹蚯蚓生活在有大量腐烂植物的地方，尤其喜欢肥料堆。

陆正蚓
（*Lumbricus terrestris*）

这是花园中能够找到的最长的蚯蚓，其体长可以达到30厘米。陆正蚓白天藏在很深的洞穴里，但你可以在温暖潮湿的夜里找到它们。因为它们喜欢晚上爬出来寻找新鲜的食物。寻找它们时脚步要放轻——它们胆小得要命，一有风吹草动就会迅速缩回地下。

黑头蚓
（*Aporrectodea longa*）

这种蚯蚓的任务是在你的草地上排便。这些隆起的东西看起来似乎是细土堆，但事实上是蚯蚓的粪便！黑头蚓是一种非常漂亮的蚯蚓，头部呈暗灰色，非常适合居住在你的蚯蚓乐园中。你甚至可以亲眼看到它们排便的过程。

捕捉蚯蚓

你随时都能在石头或花盆下找到蚯蚓，但捕捉蚯蚓的最佳时间是夏天潮湿的夜晚。在那时，会有不少蚯蚓从土里钻出来寻找新鲜食物。蚯蚓看不见红色，所以加了红色滤光镜的手电筒是你最好的工具。如果想要抓到红蚯蚓，那就到堆肥箱里去找吧。

如果被割成两段——一种植物可以再生的动物。

动手制作蚯蚓乐园

蚯蚓乐园其实就是一个简单的广口瓶（用大的装咸菜的瓶子就可以）或塑料桶。往里面放什么培育材料取决于你捕捉到的蚯蚓类型：红纹蚯蚓喜欢腐烂的植物，其他蚯蚓则更需要土壤。

豪华的蚯蚓乐园

用罐子饲养蚯蚓的唯一问题是——蚯蚓会藏在土里，你无法看到它们。豪华的蚯蚓乐园可以让你毫无障碍地看到蚯蚓的生活状况。你不需要掌握高超的木工手艺，因为制作一个如下所示的蚯蚓乐园非常容易。我们只需要1根木条（越薄越好）、1块有机玻璃板和4个大铁夹即可。

1. 请爸爸妈妈帮忙，先将1块有机玻璃切成两个边长为30厘米的正方形，再把木条锯成3段，做一个和有机玻璃一样大小的木框。

2. 把另一块有机玻璃放在木框上，像三明治那样让两片有机玻璃把木框紧紧地夹在中间。

3. 最后，用大铁夹把四个角紧紧夹住。好啦！现在你有一个新的蚯蚓乐园了。如果铁夹子足够大的话，你的蚯蚓乐园就可以竖起来了。

饲养

落叶、马铃薯皮和切碎的草都是蚯蚓喜欢的食物。把这些食物放在土壤或植物的表面，蚯蚓就会钻出来进食。记住，蚯蚓一天可以吃掉比自身体重一半还要多的食物，所以，它们需要大量食物。

如果蚯蚓想要逃跑，就放几块彩泥挡住它们的去路。

放入蚯蚓

蚯蚓乐园

4. 一层一层地放入普通土、盆栽土和沙子。这些土层最终会被你饲养的蚯蚓混合在一起，这充分证明它们真的很擅长松土。在最上面一层土的表面铺上一层落叶或碎草，然后喷些水，保持环境潮湿，最后再放入蚯蚓。

5. 用卡片做一个黑色的窗帘，或者用遮光布盖住蚯蚓乐园。这样能保持黑暗，使蚯蚓爬到有机玻璃边缘时不会感到胆怯。

挖掘机

面积为1英亩（4046.856平方米）的牧场上大约生活着300万只蚯蚓。它们一天的活动量相当于挖掘15千米长的隧道！你可以观察一下这些小型挖掘机在蚯蚓乐园中的活动。它们通过收缩肌肉，将体液挤压到身体各个部位来完成蠕动的过程。

蚯蚓

湿度

蚯蚓身体里75%~90%是水。因此，防止蚯蚓因干燥而死亡是非常重要的事情。要保持土壤湿润，但不能完全湿透。因为浸透水的土壤里氧气含量很低，会使蚯蚓窒息而亡。

粪便工厂

蚯蚓改善土壤的能力很强。这不仅仅是因为它们有出色的松土能力，更因为它们能够吃掉腐烂、死亡的东西，然后排出可以作为植物肥料的粪便，实现了物质的循环利用。你可以将塑料盒做成蚯蚓乐园，生产蚯蚓堆肥。这种蚯蚓乐园里最好养殖红纹蚯蚓，因为它们爱吃各种死去的植物，如腐烂的水果、马铃薯皮和枯枝烂叶等。

蚯蚓粪便

1. 请爸爸妈妈帮忙，在塑料盒的底部开一个大洞。

2. 从烤肉架上剪下一块网格，放在塑料盒盒底，使蚯蚓的粪便可以穿过网格掉进下面的容器里。

3. 在这个塑料盒的外面再套一个塑料盒，用来收集粪便。

4. 在上层的塑料盒里放入果皮或落叶（不要放土壤），然后再放入蚯蚓。最后，在塑料盒的盒壁上钻几个通风孔或开一个纱窗。

老胡萝卜皮

注意啦！

卵和幼体

如果你在粪便工厂中仔细搜寻，就有可能发现蚯蚓的卵——同柠檬形状差不多的很小的卵茧。如果把这些卵放在灯光下用放大镜观察，你就可能看到里面小小的蚯蚓。当蚯蚓乐园开始生产堆肥时，你还会看见数十条小蚯蚓在黏糊糊的泥里不停地蠕动着。

小蚯蚓

透视蚯蚓

把一条蚯蚓放在手电筒上，用放大镜观察它的身体。那些弯弯曲曲的黑色阴影就是蚯蚓的内脏，还有一条鲜红的血管贯穿全身。你还可以看到蚯蚓的5颗心脏——就像是从头端开始向下延伸的深红色黏稠血迹。那些细小的白色管道是肾管（功能和肾脏相同），还有两对白色的砂囊，科学家认为它们和消化甚至生殖功能有关。

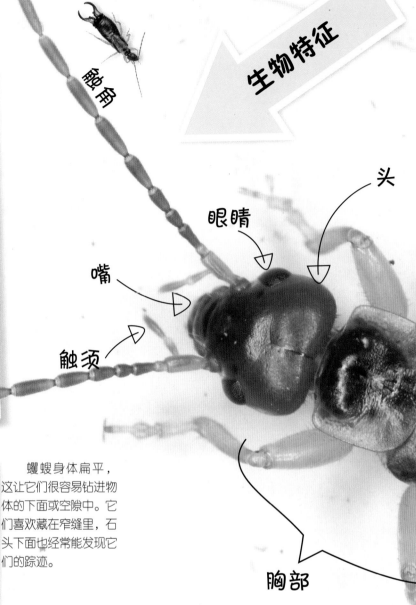

蠼 螋

这种害羞的小动物很常见，人们经常看到它们因为受到惊扰而飞快地躲起来。它们还有一个明显的特征，就是尾端有一个突出的钳子，这让它们很容易就能被辨认出来。不过，你对蠼螋（qú sōu）到底还有多少了解呢？有一个关于蠼螋的谣言——人们认为它们会顺着耳朵爬进头部吃掉大脑。这可不是真的，它们甚至连花园里的害虫都算不上。在了解它们之后，你就会发现，它们对你的虫虫动物园其实还很有益处呢。

触角

眼睛

头

嘴

触须

胸部

蠼螋身体扁平，这让它们很容易钻进物体的下面或空隙中。它们喜欢藏在窄缝里，石头下面也经常能发现它们的踪迹。

为什么蠼螋又被叫作"耳夹子虫"呢？

一些人认为，当它们飞行时，翅膀展开的形状很像耳朵——这个想法虽然不错，却不大可能，因为人们几乎见不到蠼螋飞行的样子。另一种说法则是因为蠼螋的钳子看上去有点儿像穿耳洞的工具。它们在各个国家的命名也和这些说法有关。例如，它们的法语名字是 *perce-oreille*，意思是"穿耳洞的工具"；在古英语中被称为 *earwicga*，意思是"耳朵里的生物"；而在德语中则被称为 *ohrwurm*，意思是"耳朵里的蠕虫"。命名者可能考虑到当我们睡在干草垫子上时，这些小家伙会爬进又窄又黑的地方，比如我们的耳朵里面。

呃……

我们可以用竹竿制成一个蠼螋养殖器（详见后页）。蠼螋经常藏在花园里的这种地方。

世界上约有1900种蠼螋，最常见的就是你经常看到的这种欧洲球螋。它们起源于欧洲，现在已经遍布除南极洲之外的各大洲了。

翅

蠼螋的翅膀是藏在翅鞘下面的。蠼螋可以飞行，但它们翅膀的折叠非常复杂（展开后是平时的40倍），打开翅膀要花很长时间。

附肢（6条）

钳子

蠼螋的钳子又称尾须，具有多种功能，包括防御（它们会威胁对手，试图去钳住对方，但它并没有足够的力量对其造成伤害）、打开复杂的翅膀、控制猎物的反抗及繁殖（只是猜测）。

蠼螋先生和蠼螋太太在钳子的大小和形状上都有区别。雄性的钳子大而弯，而雌性的更窄且更直。

腹部

雄性个体有10个体节，而雌性个体只有8个。

雄性

雌性

动手建一座蠼螋乐园吧

蠼螋具有"趋触性"，也就是说，它们不能忍受在开阔的地方活动，除非身体紧紧贴住其他物体的表面，不然永远不会放松。此外，它们也是夜行性动物。所以对于虫虫动物园的管理者来说，让这些小动物保持心情愉快、行动自如，并完整地观察到它们生活的全过程，将是一个非常大的挑战。因此，你需要仔细思考一下，如何建造一座符合所有要求的蠼螋乐园。

捕捉蠼螋

蠼螋并不难找，但它们被发现之后会飞快地逃跑！蠼螋喜欢藏在干燥阴暗的地方，有些地方是它们特别喜欢的。在木头（尤其是树皮松散的木头）、砖堆和花盆下面找找看吧，甚至枯死大树的树洞里也可能会有它们的踪迹。在冬季，被纵劈开的树干里也经常可以见到冬眠的蠼螋，当然，其他种类的昆虫也可能躲藏在里面哦。

你可以用花盆来诱捕蠼螋。用稻草将花盆底部的洞堵住。在稻草上滴几滴蜂蜜，然后倒插在一根短木棒上。将这个诱捕装置放到堆肥或花坛附近。一周后，几只蠼螋就会把家搬到这里。

另一个方法：把一些硬纸板摞成一摞，用木棒穿起来插到地上，以防它们被风吹跑。包括蠼螋在内的许多昆虫都会马上住进这所高层旅馆。

蠼螋乐园

1. 找一些空心的竹竿或树枝，请大人帮忙劈成两半。把里面的木髓刮净，然后用胶水将它们粘在一个透明盒子的盖子或盒壁上。

用旧的巧克力盒子就可以

2. 在容器底部撒一些潮湿的泥土、苔藓或落叶，这样可以保持容器内的湿度。泥土不要加得太多，否则蠼螋会在土里打洞，你就无法观察到它们了。

小虫好像躺在厚厚的毯子里一样，舒服极了！

3. 把蠼螋放进容器里，盖上盖子，再用纸板蒙住盖子，保持容器内环境阴暗。等到蠼螋钻进劈开的竹竿缝隙里，你就可以将纸板窗帘揭开并观察它们了。

留意观察

有关蠼螋的知识我们目前了解得仍然很少，所以，你在蠼螋乐园中观察到的现象是非常值得记录下来的。我从来没有见过蠼螋交配的过程，但雌性明显总是会选择钳子最大的雄性交配。交配之后，雌性会挖洞产卵，每次可以产下30~50枚卵。为了保护卵的安全，它们经常会衔着卵在洞穴里到处搬迁。卵里孵出幼体后，蠼螋妈妈会继续抚养它们，为它们寻找食物，直到它们成长到能够离开巢穴为止。

喂 食

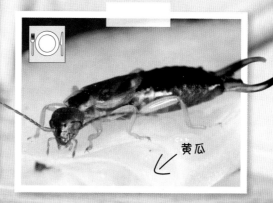

蠼螋的食性范围很广，活物和死物都可以作为它们的食物。它们最喜欢的进餐地点是肥料堆，因为这里可以找到其他小生物及它们的卵和幼虫，还有腐烂的植物、藻类和真菌。用各种食谱试验一下你的蠼螋，看看它们最喜欢吃什么吧。

← 黄瓜

水分对蠼螋来说是非常重要的，所以一定要保持环境的湿润——不要太湿，否则容器里会发霉，但也不要太干。可以在容器里放一小团被浸湿的棉花、苔藓或厨房用纸巾，以确保你的蠼螋不会口渴。

瓢　虫

　　每当我听到人们谈论瓢虫是一种多么漂亮的小甲虫时，我都很难抑制自己纠正这些错误观念的冲动。的确，它们是花园中的益虫，并且大多数（不是全部）都具有光鲜亮丽的颜色，但这些食肉动物并不像高贵的淑女，它们并没有我们想象中那么温和。观看瓢虫捕食蚜虫的过程就像是在观看恐怖电影，蚜虫四散奔逃，到处血流成河。我已经警告过你了，饲养瓢虫对于拘谨胆小者来说并不适合。

常见的瓢虫

七星瓢虫
（ Coccinella septempunctata ）

　　这是最典型的一种瓢虫，身上有七个斑点。它的原产地在欧洲，现在已经遍布全球了。

二十二星瓢虫
（ Psyllobora vigin tiduo-punctata ）

　　这是为数不多的几种底色不是红色的瓢虫之一。二十二星瓢虫并不常见，它也不是捕食者，而是以霉菌为食。它的原产地在欧洲。

小丑瓢虫
（ Harmonia axyridis ）

　　这个大块头的物种以其多种多样的颜色和花纹而得名。它起源于亚洲，现已遍布世界各地。它会捕食迁徙地当地的其他瓢虫品种，所以名声不怎么好。

生物特征

头部　　鞘翅

腹部　　足　　翅

头部　　复眼　口器　前胸背板

不要把这两块长在身体前部的大白斑误认为是眼睛！它们只是前胸背板上面的色斑。瓢虫真正的头部要比你想象的小很多。

捕捉瓢虫

在夏季，你很容易就可以在花园中的植物上找到瓢虫：玫瑰、扁豆、香豌豆甚至荨麻（记得戴上手套，以防被刺扎伤）上都有可能。因为这些小甲虫的体色非常鲜艳，所以很容易就能发现它们的踪迹。它们的幼虫和蛹也同样很容易找到。

为了找到不那么常见的瓢虫物种，可以先把一块白布或一把倒置打开的伞放在灌木丛下，用小棍儿轻拍树枝，很多昆虫便会掉落，里面可能就有瓢虫。把瓢虫装进瓶子带回家，但务必要把幼虫和成虫放在不同的瓶子里，因为它们可能会吃掉同类。

多给我准备一些蚜虫，我的饭量很大！

瓢虫乐园

大多数瓢虫可以养在简单的容器中，随便哪种透明的小容器都可以。一个直径10厘米的圆盒可以饲养15只瓢虫，但我建议大家每个盒子里只养5只。否则的话，你就不得不为它们寻找很多食物。

1. 在一个空容器里铺上裁好的厨房用纸巾，然后放进蚜虫和一些瓢虫可以攀爬的蔬菜。

2. 把瓢虫放入它们的新家里。用毛刷笔轻轻地移动它们，不要让它们受伤。一切完成之后，千万不要忘记盖上盖子！

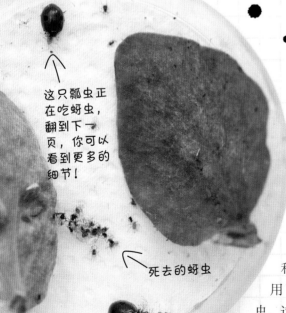

这只瓢虫正在吃蚜虫，翻到下一页，你可以看到更多的细节！

死去的蚜虫

清 理

瓢虫非常容易因为细菌或真菌感染而生病。所以建议大家要每天清理死去的蚜虫和残骸。最理想的方法是用两个容器轮流饲养瓢虫，这样就能有充足的时间进行清扫工作。

注意观察瓢虫的卵

瓢虫会将它们圆柱形的卵成簇地产在容器的一边。即将出壳的幼虫会将自己的卵壳作为生命中的第一道大餐。在幼虫出壳之前，不要给它们喂食蚜虫。

喂食时间

瓢虫是食肉动物，它们的幼虫和成虫都以蚜虫为食——那是一种喜欢吸食树汁的小昆虫，也被称为腻虫或蜜虫，是能够毁坏花园的害虫。饲养瓢虫的最大挑战就是让它们得到足够的食物，也就是说，你需要亲自去捕捉蚜虫或饲养足够多的蚜虫。不过，蚜虫这些不讨人喜欢却创造了奇迹的奇怪小虫本身也充满了无穷的奥秘。所以，我们会在虫虫动物园里给它们单独建造一所房子（详见第19页）。

捕捉蚜虫的最佳地点是玫瑰、扁豆和香豌豆的嫩叶和花蕾上，槭树和酸橙树叶的背面，蓟树和荨麻上（记得戴上手套，以防被刺扎伤）。捕捉蚜虫的方法有两种，一种是用剪刀剪下整根枝条，另一种方法则是用毛刷笔将蚜虫一只一只地扫进瓶子里。

如果要用毛刷笔捕捉蚜虫，请把容器放在长满蚜虫的枝条下方，然后将蚜虫轻轻地扫进容器里。

一对瓢虫每天至少要吃20只蚜虫才能保持旺盛的繁殖能力。

请注意：当蚜虫遭到袭击时，它们尾端尖尖的"腹管"里会流出蜡状的液体。这是一种用来抵御瓢虫捕食的防御性化学物质。

剪下一根长有蚜虫的枝条，确保它的大小适合你的瓢虫乐园。

香豌豆

我逃走啦。

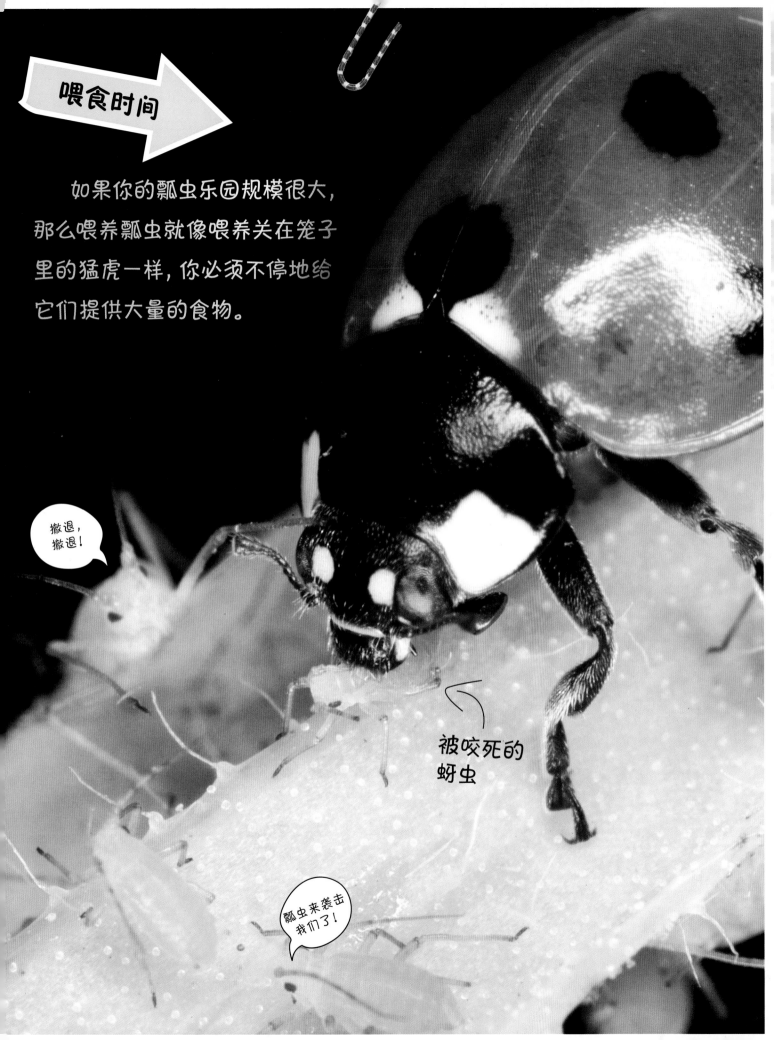

从卵到大胃王

如果你的瓢虫生活幸福、食物充足，且既有雌虫也有雄虫，你就有可能看到瓢虫产卵了。有些种类的瓢虫只在春季和初夏产卵，而其他一些种类，如七星瓢虫，在光线良好、食物充足和温度适宜的环境下可以连续产卵。好好照顾你的"瓢虫宝宝"，你就能亲眼看到它们完整的生命历程了。

近距离观察瓢虫幼虫

2. 在幼虫吃掉自己的卵壳后，它们掠夺性的一生就要开始了。虽然它们一开始似乎比成年蚜虫要弱小许多，但它们会飞快地爬到蚜虫背上，咬住蚜虫吸取体液——多么可怕的一群吸血骑士啊！

3. 随着幼虫的不断生长，它们会经历三次蜕皮的过程。而随着身体逐渐长大，它们的行为也变得更加残忍无情，会咬碎猎物身体的每一个部分——软的、硬的、腿、触角，什么部位它们都能嚼得粉碎。

救命啊！！！

5. 蛹挂在原处一动不动，新的甲虫就在蛹里慢慢成形。几周之后，瓢虫便从蛹里钻出来了。不过，它的样子和你平时见到的瓢虫并不相同——难道出了什么严重的差错吗？它们的体色不是红黑相间，而是淡淡的黄色。那个光亮的半球形小家伙在哪儿呢？怎么会出现这样一个湿漉漉、皱巴巴的小东西呢……

6. 几个小时之后，松弛而下垂的翅和翅鞘便会慢慢地鼓起，瓢虫就要开始大变身了。

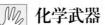

1. 瓢虫一次可以产卵300枚以上（在这个阶段，最好把成虫和卵分开，防止卵被成虫吃掉）。一周后，幼虫就能破卵而出了。这些奇怪的小东西看上去就像邪恶的毛毛虫，我猜它们的本质就是这样。

化学武器

瓢虫鲜艳的体色使它们很容易被发现。在自然界里，动物们经常会用鲜艳的颜色表示自己有毒或非常难吃。瓢虫也不例外——它们的味道又苦又涩。

这可不是瓢虫唯一的绝技……

如果遭到蚂蚁的侵扰，瓢虫会用力夹紧自己的身体，把腿都藏在难以穿透的翅鞘下面。它们会把腿塞进胸部和腹部下面的槽里，绝不把任何脆弱的地方留在硬壳的外面。

4. 等到幼虫约两周大时，它们会像毛毛虫一样完成最后一次蜕皮，变成一个蛹。蛹将腹部顶端紧紧贴在植物或容器上。它们一动不动地挂在那儿，除非你好奇地用毛刷笔戳它一下，它的头才会上下缩动。这被认为是它们抵御寄生虫和天敌的手段。

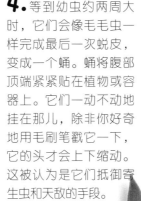

当瓢虫来不及夹紧身体，肢体的一部分还露在外面的时候，它们会慢慢地分泌出难闻的液体——这是一种被称为"反射性出血"的防御手段。如果你抓住一只瓢虫，这种分泌物会流到你的手上。液体从腿部的关节流出，瓢虫通过身上的沟槽将这种被称为生物碱的苦涩混合物迅速涂遍全身。尽管如此，一些动物仍然非常喜欢以它们为食。也许它们喜欢这种刺激性的味道吧。

不要用力戳我！

7. 接下来，鞘翅和前胸背板开始变红，色彩也越来越鲜亮（完整的变色过程大约需要几天时间）。等到它们的身体变干变硬，便会飞去捕食更多的蚜虫。

分泌物

蜘 蛛

蜘蛛是数量庞大、种类繁多的一种动物，已知的物种数量就超过了4万种。体形最小的蜘蛛可以趴在大头针上，而体形巨大的捕鸟蛛甚至比你展开的手掌还要大。尽管各个品种之间存在着巨大的差异，但它们都是蜘蛛，它们的身体都由两部分组成（见右图），都长有吓人的八条腿。

红膝捕鸟蛛

不要去抓或骚扰未知种类的蜘蛛，因为有些蜘蛛会将你严重咬伤——特别是看上去凶神恶煞的北美流浪汉蜘蛛。

吐丝器
蜘蛛的腹部末端生有丝腺，可以生产织网的丝。大多数蜘蛛都有三对丝腺，而每个丝腺的尖端都有一个小小的喷口。

腹部

头胸部

生物特征

腹 部
蜘蛛的身体分为两个主要部分，后面一部分是腹部，里面包含了消化、呼吸、生殖和产丝的器官。

腿
所有的蜘蛛都是八条腿。

触觉毛
蜘蛛身体上遍布着触觉毛，它们的基部和神经相连，可以感受振动，一些触觉毛还可以感受到味觉。

眼 睛
蜘蛛有六只或八只眼睛，但是它们的视力很差。眼睛的大小和分布位置可以帮助你确定蜘蛛的品种。

头胸部
蜘蛛的头部和胸部合在一起被称为"头胸部"，这是蜘蛛的两个主体部分之一。

毒 牙
毒牙能够将致命的毒液和消化液注入猎物体内。

小家隅蛛

触 肢
如果你数出的蜘蛛腿有10条，很可能是把触肢也算进去了。通常触肢是用来进行触摸和交配的。成年雄蜘蛛的触肢尖端样子像拳击手套，精子可以通过它进入雌蜘蛛体内。

养哪一种好呢

家隅蛛

山栖豹蛛
（狼蛛科）

幽灵蛛

家隅（yú）蛛 ✓

家隅蛛通常分布在欧洲和北美洲，易于饲养，适合作为宠物。比家隅蛛更适合作宠物的是它的表兄——巨家蛛。当你看到这些宠物及其可爱的行动时，你一定会感到乐趣无穷。

狼　蛛 ✓

可以自由放养的狼蛛是最理想的蜘蛛宠物。为了饲养狼蛛，你需要在蜘蛛乐园中放入一些泥土或堆肥，也可以种植一些植物，为它们添加一些"家具"，你和你的宠物都会觉得更加有趣。

长腿蜘蛛 ✓

另一种可以在房间里找到的蜘蛛是长腿蜘蛛（幽灵蛛），它们会在房间的角落里编织纤细而复杂的网。幽灵蛛也可以作为宠物，它们比家隅蛛更容易捕捉。

园　蛛 ✗

园蛛在世界各地都很常见，它们用美丽的"死亡圆桌布"（圆形的蛛网）来捕食猎物。不过，园蛛需要很大的空间来结网，所以它们不适合生活在养殖箱中。

如何捕捉蜘蛛

蜘蛛

即使最整洁的房间里也会有蜘蛛潜伏在安静的角落。电视后面、沙发后面、扫帚柜里、楼梯下面或花园小屋里都有可能发现它们。用袖珍手电筒找找它们的网——蜘蛛喜欢躲在阴暗隐蔽的地方。

蜘蛛非常狡猾，很难捕捉。它的触觉毛具有强大的感知振动的能力——漫不经心的一声叹息都会使它们躲进抓不到的角落。试着预测一下它要逃跑的方向，并准备一个能够严丝合缝盖上的容器。

长腿蜘蛛很容易捕捉。与其说它们是在跑开，还不如说它们在跳奇怪的舞蹈。它们左突右闪的速度非常快，你几乎看不清它们的移动路线。如果你是一只用喙（huì）啄食的鸟，抓住长腿蜘蛛将是非常困难的事情，但如果你有一个果酱瓶，那就易如反掌了。

用一支毛刷笔或铅笔把蜘蛛从它的网上或躲避的地方轻轻地拨出来。不要担心会弄坏蜘蛛网——反正蜘蛛还会织出另一张网的。

蜘蛛乐园

为家隅蛛建造一座蜘蛛乐园可不是件简单的事情。我选择的是一个带盖子的塑料养殖箱。如果你喜欢，可以放一些"家具"作为蜘蛛的藏身处——一块树皮或一片花盆碎片就可以了。避免阳光直射蜘蛛乐园，并放入一小团潮湿的苔藓。时刻保持箱内湿润，让蜘蛛随时能够喝到水。为此，我会每天用喷壶向箱里喷一次水。

寻找食物

任何一只蜘蛛都是强有力的捕食者。家隅蛛通常吃蛾子和苍蝇，喂给它们哪一种都可以，但苍蝇是最容易捕捉的。你可以把一些食物或堆肥放在外面任其腐烂，然后用捕虫网捕捉那些被引来的苍蝇。也可以用罐子扣住落在墙上的苍蝇，然后把一张白纸小心地插入罐子和墙壁之间。等到白纸完全盖住罐口，再把纸和罐子从墙上取下来。

1. 把你的猎物放到新的蜘蛛乐园里，然后快速盖上盖子。蜘蛛很快就会适应新家，或是建造一个自己的家——小时之内，你就能看到一张明亮纤细的蛛网框架。

大餐时间

陈旧食物

把一只苍蝇放进蜘蛛乐园，更好的方式是把它放到蜘蛛网上。蜘蛛感觉到网的振动，就会快速地冲到猎物身旁，咬上致命的一口。蜘蛛将毒液注入猎物体内，猎物的身体会被麻痹并被慢慢消化，这时我们还可以看到蜘蛛毒牙的活动。蜘蛛不能吃固体食物，所以它们的猎物必须先被消化。消化掉的汁液经过毛的过滤，通过口器被蜘蛛吸到肚子里——好像和喝蔬菜汤差不多嘛。

2. 在接下来的几周里，蜘蛛将编织一张自己的网，这绝对是一件伟大的艺术品。蜘蛛网看似一团毫无用处的乱麻，但当你亲眼看到蜘蛛如何使用它后，你就会明白它是多么的井然有序和实用。最好观察一下蜘蛛的夜间活动，看看蛛网哪一部分是它守候猎物的地方，哪一部分是它的藏身地，还有它对食物的处理方法。记得定期清理猎物遗留下的躯体或蜘蛛蜕下来的皮。这是一件非常累人的工作，一般我会用长长的镊子或者筷子把需要清理的东西捡出来。

注意事项

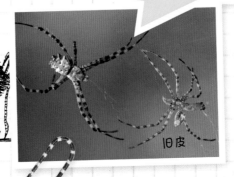

旧皮

蜕 皮

如果你的蜘蛛不再进食或身体变色，说明它可能马上就要蜕皮了。如果你足够幸运，就能看到蜘蛛蜕皮的全过程。蜘蛛的外皮先是像棒球帽一样被掀起来，然后一只体色苍白的新蜘蛛突然钻出，八条腿也随着身体一起被拽出来——就像是一下脱掉了4条裤子。

看看发生了什么
如果你向蜘蛛乐园里一次性放入很多苍蝇，蜘蛛便会立刻将它们尽可能多地收集起来，并把每一只都麻痹后用蜘蛛丝裹住，留到以后慢慢享用。

绿头苍蝇

繁　殖

　　如果你养的是狼蛛，把几只放在一起饲养，它们便会开始繁育后代。母蜘蛛会将卵囊（用蛛丝制成的，这是蛛丝的另一种用途）带在身上。但卵囊不久便会消失，母蜘蛛会变得毛茸茸的，样子看起来很奇怪。如果近距离观察，你会发现这些毛其实是大量的小蜘蛛，它们紧紧地抓着母亲腹部那些像把手一样的特殊的纤毛。

饮　水

　　往蜘蛛乐园中喷水或给水盆加入新鲜饮水后，注意观察蜘蛛的饮水过程。蜘蛛会来到水源上方，俯下身来把嘴伸向水源表面，然后用有力的抽吸肌尽情地吸食水分。

蝈蝈、蝗虫和蟋蟀

蝈蝈和蝗虫经常被人们混为一谈。这并不奇怪，因为它们的样子非常相像，而且都有强壮的后腿，使它们具备良好的弹跳能力，可以快速地逃脱追捕。不过，它们的相似之处也仅限于此。蝗虫的食物是植物，而蝈蝈则爱吃其他昆虫，甚至连同类也不放过。大多数蝈蝈都是食肉的，因此饲养它们的过程会充满乐趣。

其实我的嘴是不发声的——声音是我的翅膀发出的。

蝈蝈

触 角
蝈蝈都长着长长的触角，它的长度甚至可以超过自己的体长。

腿
蝈蝈的后腿非常适合跳跃。前腿的"膝盖"（中间的关节）上方长着像耳朵一样的听器，蝈蝈靠它来倾听同伴的歌声。

气 孔
蝈蝈是通过气孔进行呼吸的，在体形较大的蝈蝈的腹部可以很明显地看到这些小孔。你甚至能够看到它们"呼吸"的样子，气孔通过不断收缩和扩张腹部肌肉压入和排出空气。

腹部

翅

胸部

头部

产卵器
蝈蝈的雌雄很容易区分，因为雌性的腹部后面会伸出一根像矛一样的附属器官。它并不是人们通常所认为的刺，而是一根完全无害的产卵管道，即产卵器。

尾 须
这是位于蝈蝈尾部的小小的感觉器官。它们非常敏感，可以试探、品尝和感受来自身体后部的物体——有点儿像汽车的倒车雷达。

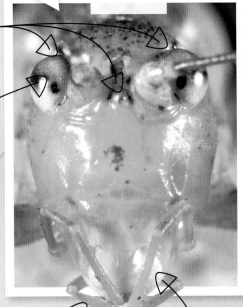

单 眼
可以探测光线的明暗。

复 眼
这些大大的球形眼睛由数百个共同工作的小眼集合而成。蝈蝈和蝗虫都有良好的视力。这也是为什么它们很难被捕捉的原因之一！

触 须
口周围的这些微小感觉器官是用来品尝食物的。

下 颚
蝈蝈长着带有锯齿边缘的强壮下颚，能把食物挤烂或撕碎。

翅
大多数成年的蝈蝈都有两对翅。某些种类的蝈蝈用翅来飞翔，但还有一些种类的翅已经退化，并具有了其他的功能。雄性可以用翅来"唧唧"鸣唱。一个翅的基部反复摩擦另一个翅的翅脉增厚处就能发声。许多蝈蝈在鸣唱的时候会把翅稍稍鼓起，形成一个音室。

这是蝈蝈，还是蝗虫？

蝗虫是植食性动物，主要的食物是草。通过观察触角很容易辨别蝈蝈和蝗虫，因为蝗虫的触角比蝈蝈短，并且更粗一些。它们的鸣唱方式也不一样。蝗虫是用后腿上的沟槽摩擦翅肋发出声音的。

蟋蟀，比如田蟋和家蟋，主要生活在地面上，动物和植物都可以作为它们的食物。它们的身体圆胖短小，没有绿色的品种。

蝈蝈生活在相对较高大的植物上，是较高等级的食肉昆虫，虽然它们有时也以植物为食。它们的伪装技能很高，许多蝈蝈的身体都呈鲜绿色。长鞭一样的触角比它们的身体还要长。

捕捉蟋蟀
蟋蟀的歌声能指出它们藏身之处的方向，不过你只能听到声音，看不到它们的位置，所以总是很难抓到它们。捉蟋蟀的一个好办法是"把它们请出来"，许多鸟类就是用这种方法捕捉昆虫的。当你走近草丛观察里面的昆虫时，它们便会警觉地跳出来。这时，你就可以把它们抓进罐子里了。另一个方法是将一张大网从长长的草中扫过。如果要捕捉蝈蝈，最好的方法是敲打灌木（详见第24页）。

蟋蟀乐园

我发现自己可以连续几个小时观察蟋蟀的活动——它们看起来总是忙忙碌碌的。蟋蟀喜欢在植物上爬来爬去，所以你需要给它们搭建一些攀爬架，营造一个充满立体感的居所。饲养蟋蟀最好用干净的大容器，塑料养殖箱或右图所示的圆柱形容器都是很好的选择。蟋蟀有强壮锋利的颚，所以不能用网做盖子——它们会咬破盖子逃走的！

建造一所蟋蟀乐园

用饼干盒或巧克力盒很容易就能做出一座蟋蟀乐园。你也可以购买专门的装置，但亲自动手可以节约很多钱。你需要一块透明塑料板（要具备一定的硬度），可以从工艺品商店、手工商店或比较大的文具店买到。

1. 请家长在饼干盒的盖子上开几个通气孔，可以用电钻或锤子和钉子作为工具。

2. 把塑料板卷成圆柱形，让它紧紧地贴住盒壁。将其修剪为合适的大小，并在接缝处留出2厘米，用胶带或胶水粘好。如果你使用的是胶水，则需要用晾衣夹或大铁夹加固接缝。然后把塑料板放回盒中，再盖上盖子。

蟋蟀乐园

可供蟋蟀攀爬的细枝

可口的美味

将厨房用纸巾塞进容器，防止蟋蟀掉进水里淹死。

放进一个装满湿沙子的容器，雌蟋蟀就可以在上面产卵了。

如果要在容器中放鲜活的植物，请把植物插进装了水的罐子里。

🍽 蟋蟀具有肉食性，而蝈蝈更算得上是食肉动物。你可以在食物方面提供很多选择，让喂养过程变得更加有趣。试试喂给它们蚜虫、苍蝇、面包虫、蛾子、蛆或其他小生物。它们不仅吃肉，更喜欢花样繁多的食谱，希望每种食物都能品尝一点儿，包括新鲜的植物。长满蚜虫的叶子就是一道理想的大餐：主菜是昆虫肉，树叶沙拉作为配餐，还有蜜露作为饮料！

喂食时间

面包虫

绿头苍蝇

考虑一下，考虑一下，我晚饭吃什么好呢？

可以用瓶盖盛水，方法是放入一些脱脂棉或苔藓，每天喷些温水。

暗色灌丛蟋蟀

注意事项

成 长

蟋蟀和蝈蝈的幼体都被称为若虫，它们经过蜕皮最终变为成虫。一旦长出了翅，就意味着它们可以开始"鸣唱"了。这是个非常有趣的阶段，你会看到一些蟋蟀或蝈蝈的新行为。你可以在这个阶段重新安排一下饲养计划。试着在一群雌性中放入一只雄性，看看会发生什么。雄性会发出声音来吸引雌性吗？它的声音真的能让雌性接近它吗？如果把两只雄性个体放在同一个饲养箱里又会发生什么呢？

蜕 皮

由于长长的触须很难从皮里蜕出，所以它们的蜕皮过程非常壮观！仔细观察，老旧的皮从头部后方裂开，新的昆虫慢慢地从里面爬出来，接着是腿，然后是触角，现在全身都钻出来了。注意那些弯弯曲曲的白色细线——那是它的气管。蜕皮阶段对蟋蟀和蝈蝈来说是个敏感时期：新的昆虫身体很软，非常容易受到伤害（要小心，不要惊扰它），而且很可能被同居一室的同类吃掉！

交 配

你很有可能看到蟋蟀或蝈蝈的交配过程，甚至可以看到雌性带走了雄性从体内产生的一个白色块状物。这是一个装有精子的袋子，称为精囊，雌性个体用它来使卵细胞受精。

产 卵

如果你将一罐沙子放进容器，就能看到雌性个体把产卵器插入沙子里产卵。如果你想看到卵，可以用潮湿的脱脂棉代替沙子，然后用放大镜仔细观察。

鸣 唱

只有雄蟋蟀才会鸣唱，而且它们只在天气很热的时候才会鸣唱。据说人们可以根据蟋蟀歌声的频率推算出温度。为什么不用你的蟋蟀乐园来验证一下这个说法呢？数一数15秒钟内一只蟋蟀鸣叫的次数，多进行几次，然后求出平均数。用这个数除以2再加上6，答案就是环境温度的华氏温度值。试试到底准不准吧！

天啊，太热了，哆，来，咪，发，哆，啦……

÷2 +6

49

伪 蝎

这些小个子的贪婪杀手神出鬼没的，几乎能在任何地方生活，但我们很少看到它们，因为它们的体形实在太小了。既然名字叫作伪蝎（wěi xiē），这就意味着它们其实是"假的蝎子"，它们从头到脚都和那些比它们大得多的堂兄弟——蝎子一模一样。之所以使用"大得多"这个词，是因为这些动物实在是小得不能再小了——稍大的伪蝎只有6毫米长，而最大的伪蝎也只有12毫米长。

伪蝎是蛛形纲动物中的一员。除它之外，蛛形纲还包括蜘蛛和真正的蝎子。和所有的蛛形纲动物一样，伪蝎有四对步足。如果近距离观察，你就会明白人们这样给它们命名的原因：和蝎子一样，它们最前面的一对足是一对凶神恶煞的螯。当你观察伪蝎身体另一端的时候，你会发现它们和蝎子完全不同——伪蝎的尾巴上没有刺，它们甚至根本就没有尾巴。即便如此，它们仍然属于残暴的肉食动物。只要轻轻地刺上一下，毒液就会通过螯尖注入猎物体内。不过，虫虫动物园的管理者并不需要担心这个问题。伪蝎注入的毒液量非常小，它仅能在和自己大小相当的猎物身上起作用。

足

和所有的蛛形纲动物一样，伪蝎也有4对足——也就是总共有8只足。

为了让这些小家伙给你的朋友留下最深刻的印象，我们可以用有USB接口的显微镜观察它们完美的身段和敏捷的动作。

实际大小

50

螯

其实这个部位更准确的叫法应该是须肢。当伪蝎活动时，螯会伸向前方，利用上面长长的触觉毛来感知周围的环境。每个螯的齿端（像手指一样的部分）里都藏着毒腺。

腹部

伪蝎身体的后部是腹部，又粗又圆，和鸭梨的形状很像。腹部里面包裹着所有至关重要的器官，所以它被一节一节的几丁质硬甲片保护着。这些甲片被称为背甲和腹甲。

头胸部

这一部分被称为头胸部，是头部和胸部的联合体，集合了所有的感觉器官和用来驱动步足运动的肌肉。

眼睛

伪蝎的眼睛并不发达，一些伪蝎甚至根本没有视力，只能依靠身体上的触觉毛来感知环境和猎物。大多数伪蝎的头前侧都有2只或4只眼。

螯肢

口的两侧是样子非常可怕的下颚，人们将它称为螯肢。螯肢看上去有点儿像剪刀，功能原理也和剪刀差不多，可以撕碎或屠杀猎物。让人意想不到的是，螯肢里面也有丝腺。伪蝎能用丝编织平台和坐垫，使交配或蜕皮的过程更加舒适。

要想找到伪蝎……
就像在干草堆里捞针一样啊！

制作一个杜勺氏漏斗

简单的方法

伪蝎的踪迹遍布我们周边的各处。它们生活在堆肥里、落叶堆里、苔藓里、石头下面和屋子里……你遇到的最大问题是伪蝎的大小和颜色使你很难发现它们的踪迹，而捕捉它们就更是巨大的挑战了。捕捉伪蝎的一个巧妙方法是使用杜勺氏漏斗（土壤动物分离漏斗），它可以用强光将伪蝎驱赶到一个罐子中。因为这些生活在落叶堆中的小生物有逃避强光的趋向，遇到明亮的光线时，它们会逃向黑暗潮湿的舒适地方，以免遭遇它们最致命的敌人——脱水。

1. 把一些落叶装进一个塑料漏斗中，再把漏斗放在罐子上，并在罐子里放入一些湿纸巾。在漏斗上面放一盏灯，注意不要让灯泡离叶子太近或把叶子烤得太热（你也不想让房子起火吧）。

困难的方法

另一个方法是铲起一桶落叶，倒在白布或托盘上，然后用手翻动落叶，直至找到伪蝎。伪蝎活动的时候是最容易将它们和同样颜色的落叶区分开来的时候。它们富有光泽的体表也会帮助你发现它们的踪迹。当我在园中堆放的旧砖块下寻找蜗牛时，偶尔也会发现这些小家伙。

2. 让灯光的照射持续一整晚。第二天，当你查看罐子时，可能会发现各种各样的落叶生物，如螨、蜈蚣、跳虫等。如果运气不错的话，你就能抓到几只伪蝎！

蛞蝓

52

伪蝎是怎么进入你房间的呢？

（答案见第53页）

小小的家

因为伪蝎的个体非常小，所以不必为它们提供很大的居所。事实上，饲养这些小动物的最大问题是时刻关注它们的行踪。只要它们躲进叶子的沟槽里，你就找不到它们了！所以，尽可能用小一点儿的容器饲养伪蝎。

来抓我啊！

你可以用枯叶等伪蝎生活环境中的材料布置它们的新家。为了保持环境湿润，可以往容器里加一些活苔藓。

空试管很适合改造成伪蝎乐园。

伪蝎乐园

别让它跑掉！

一些人在饲养伪蝎的过程中遇到了不少麻烦：伪蝎总是在几天之后纷纷死去。养好伪蝎的秘密是保持环境湿润和食物充足。控制湿度的小技巧是在容器底部铺一些熟石膏，一定要在建造伪蝎乐园之前就将其铺好并让它保持湿润。

迷你食品

因为这些小猎手在自然环境中会捕食更小的猎物，所以你需要为它们供应落叶中的小生物，至少要提供一些落叶，这可是一件非常精细繁杂的任务。我们对伪蝎最喜爱的食物仍然了解不多，但跳虫、土螨之类的鲜活食物应该能够满足它们的胃口。

用一支柔软的毛刷笔来移动伪蝎。

跳虫

它们会很乐意住进这种迷你小屋子里，一起进入我们的视野。

孑　孒（蚊子的幼虫）

不，我可不是精神出了问题，也不是因为得了疟疾而出现幻觉。没错，我的确建议你将这些臭名昭著的吸血鬼和瘟疫传播者请入你的虫虫动物园。而且，我的理由非常充分：蚊子是地球上最成功且最致命的一种动物，了解它们的生活是一件非常奇妙有趣的事情。你甚至可能会爱上这些孒孒（jié jué）宠物，即使你无法喜欢上它们，至少你还可以充分了解这些坏家伙！

生物特征

捕捉你的观察对象

这并不是一件容易的事。你需要在炎热的夏季找到一些不流动的水——一桶雨水、一个池塘，甚至一个水坑也可以。盯住绿色的浅水部分，你可能会看到许多身体扭来扭去的小东西，这就是孒孒。捞一些出来，放到罐子中。如果实在找不到它们也不要灰心——把一桶水放在室外，里面不久就会出现很多孒孒。

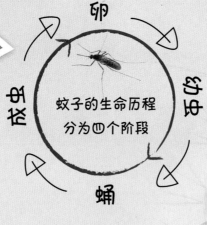

蚊子的生命历程分为四个阶段

卵　幼虫　蛹　成虫

呼吸管

孒孒通过呼吸管来呼吸空气，它的工作原理和潜水员呼吸管类似。呼吸管的末端有防水的盖子，当呼吸管接触水面时会自动打开，而当孒孒下沉时，盖子会自动关闭。

如果你的幼虫平躺在水面上且没有呼吸管，说明它们是蚊子家族的另一个成员，名字叫作按蚊，能传播疟疾。我们这里所介绍的蚊子是不会传染疟疾的库蚊。

倒影

水面

腰部

触觉毛

胸部

孒孒

眼

头部

触角

口　刷

如果长时间观察一只孒孒，你会看到它的嘴边长着一对毛茸茸的刷子。它们在水中左右摇摆，把水送入口中，将微生物过滤出来并吞到肚子里。

蚊子的主要食物来源是什么？ （答案见第55页）

孑孓所需要的生活空间非常小——一个小罐子或小瓶子就足够了。它们在小水坑里也能顽强地成长，因此它们的繁衍是如此的成功，也是如此的令人讨厌。蚊子会在乡村传播疟疾，这是一个非常严重的问题。人们试图排干水塘里的死水阻断疟疾的传播，但丝毫不起作用。虫害控制专家们感到十分困惑，不过他们终于发现了原因，汽车轮胎压出的水坑都能成为蚊子繁殖的理想场所。

蜕 皮

在孑孓的成长过程中，它们会蜕掉旧的皮肤，蜕下来的皮就漂浮在水面上。孑孓共有四龄，它们的身体每一龄都会长大一些。

绿色的死水 ▷

◁ 蜕下的皮

子孑 ▷

蛹
（"筋斗蛹"）
▽

难得鱼缸里的死水还有用处！

喂 食

你可能会觉得，喂养这么小的动物将是多么精细的一个过程啊，特别是当你知道它们需要通过呼吸管吃掉微生物时。那到底该怎么做呢？幸运的是，喂养孑孓并不是件难事。使死水变绿的微生物就是孑孓的食物，你只需要将一些绿色的死水舀到它们生活的水里就可以了。对于孑孓来说，它喜欢生活在这种像没有豆子的豌豆汤一样的水里。

筋斗蛹

幼虫发育完全时会转变成蛹，样子就像一只小虾。这是蚊子一生中的休眠阶段，但你绝对想不到它们还有活跃的一面——只要轻轻一碰罐子，它们便会立刻倒潜入水中，过一会儿再翻转回来。这种行为被人们称为"翻筋斗"。当蛹在翻筋斗时，它们不用呼吸管，而是用头上的喇叭口来呼吸，并用尾部的桨状部分打水游泳。

用来呼吸的喇叭口 ◁

↑ 背面

筋斗蛹 ◁

筋斗蛹没有嘴，因而不能进食，但你能透过表皮看到成虫的特征，如口器、复眼、翅和腿。

尾桨 ▷

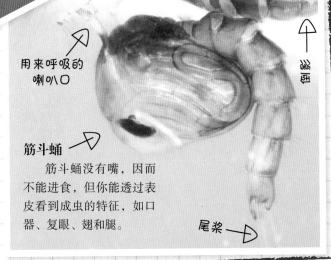

起 飞

大约4天后，筋斗蛹的皮肤会裂开，蚊子就从里面钻出来了。它会停在水面上，等到身体完全干透，便拍拍翅膀飞走了。我知道你在想什么：如果放掉这些吸血鬼，它们一定会回来咬你的。呃，假如你饲养的是库蚊（如本页图所示，是最常见的物种），就不必担心：它们会吸食鸟类的血，而不是人类的。

雌蚊子只有在即将产卵时才会吸血。

蜻蜓稚虫

"蜻蜓"这个词总是让人联想到阳光明媚的夏天里，池塘上空像色彩鲜艳的小飞机一样嗖嗖飞过的小生灵。遗憾的是，蜻蜓的成虫不能饲养在你的虫虫动物园中——它们会把自己撞坏的。然而，它们的幼虫会在水里度过很长一段时间。蜻蜓宝宝不仅容易饲养，而且具有和父母一样令人兴奋的表现。仔细照顾好它们，它们将会带给你世界上最不可思议的表演。

凶恶的捕食者

仔细观察蜻蜓稚虫的脸，你会发现一对样子很像下颌的可怕器官。这是蜻蜓稚虫的脸盖——是一个可伸缩的捕食器，既可以收回来，也可以伸出去抓取猎物。翻到第59页，你可以看到脸盖是如何工作的。

生物特征

眼 睛
位于头侧向外突出的巨大复眼为稚虫提供了良好的视野。

触角

脸 盖
稚虫头部的下方藏着一个能够自由屈伸的装置，末端长着强有力的爪，可以紧紧地抓住猎物。

翅 芽
稚虫的背上有四对翅芽（在这张图上无法看到），能随着稚虫的成长而发育。翅芽最终将变为成年蜻蜓亮晶晶的薄膜状翅膀，但它们现在的功能是副鳃。

胸部

足（6条）
这些足上长有爪钩，可以握住水草。

腹 部
这一部分由10个体节组成，里面包含了所有的呼吸、生殖和消化器官。

蜻蜓皮

在虫虫动物园里饲养蜻蜓稚虫就像是饲养一群小鳄鱼。它们是和鳄鱼一样狡猾而善于潜伏的食肉动物，能趴在水面上静静等待，从而捕食任何可以移动的东西。想象一下，它的行为和身长5米的鳄鱼是多么相似啊！

用渔网（或把厨用筛网绑在一根木棍上）从池塘底部捞一网水草淤泥。把网里的东西倒在白色的托盘或类似的容器上，然后用茶匙慢慢地翻找蜻蜓稚虫。一定要集中精神：因为蜻蜓稚虫非常善于伪装，有些稚虫身上还覆盖着绒毛。除非它们不小心做了什么动作，暴露了伪装，否则你真的很难发现它们。

把每一只稚虫都移到单独的容器中。一定要分开饲养它们，如果群养的话，它们会毫不犹豫地互相吞食。不要捕捉太多稚虫，2~3只就足够了，记住要把剩下的稚虫再放回到池塘里。

你也许会在网上来的池塘淤泥中发现豆娘的稚虫。这些稚虫和蜻蜓稚虫的样子十分相似，只是更加柔弱纤细一些。豆娘的稚虫有三片"尾巴"，其实这是它们的尾鳃，一般呈扁平的叶片状。豆娘稚虫的饲养方式和蜻蜓稚虫相似，你可以用它们来丰富你的虫虫动物园。

为鱼缸换水

塑料或玻璃质的小鱼缸是饲养蜻蜓稚虫的理想容器。我们需要在鱼缸里创造出类似蜻蜓稚虫所需的自然环境。为了保持水的新鲜，每周都要将一部分水换成新鲜干净的水，并清除食物残渣等残留物。

1.

把清洗过的砾石或沙子铺在水族箱的底部，堆成一个斜坡，使各种残留物很容易就能被发现，有利于清理工作。

2.

加入水草、石块和一些其他的鱼缸饰品。先把这些植物的根埋入砾石或栽入小罐，以便固定它们的位置。

豆娘的蜕皮

3.

将一张报纸覆盖在砾石上（以免让水冲散砾石），然后轻轻地倒入雨水或在户外放置过几天的自来水。

4.

布置工作完成后，至少静置一天。把鱼缸放到有光但不要被阳光直射的地方。

滤茶网可以改造成移动稚虫的理想工具

蜻蜓稚虫乐园

　　蜻蜓稚虫乐园的喂食时间的确令人激动万分，这也是虫虫动物园极其精彩的时刻。只要把活的猎物放入水箱，用不了多久，一场残酷的杀戮就开始了。你甚至可以用木头镊子夹住猎物，引诱你的蜻蜓稚虫用脸盖发动袭击。

　　一些蜻蜓稚虫打开脸盖捕食而后再关上的时间甚至不超过15毫秒。这个速度已经超出了人眼的分辨能力。

🍽 喂 食

　　蜻蜓稚虫需要持续不断的新鲜食物——必须是鲜活的食物。任何在水中活动的东西都可以被它巨大的眼睛发现，但你需要经过实验才能知道它想捕捉的猎物到底有多大。小的稚虫可能更喜欢小一点儿的猎物，比如水蚤或孑孓。大一点儿的稚虫则喜欢吃红蚯蚓（池塘里很常见）、蚯蚓和鱼苗。

喂食时间

稚虫开始捕食

面包虫

木头镊子

　　你可以打开手电筒照明，再用镊子夹着扭动的猎物在稚虫附近摇晃，引诱它发动袭击。筷子或木质烤肉扦子都可以制作镊子，方法是用橡皮筋先绑住一根木棍的一端作为轴，再用另一根橡皮筋把两根木棍的同一端绑在一起作为"把手"，使其能够充满弹性地开合。

搜集稚虫的蜕

如果有一天，当你发现一只像是死去稚虫一样的东西漂在水面上，也许会被吓一大跳。不过在正常情况下，这只是一层空皮，也叫作"蜕"，是蜻蜓稚虫或豆娘稚虫蜕下来的皮——这种情况在它们成长期间会发生很多次。看看水中，你会发现稚虫真的长大了（比原来大了25%）。新皮肤没有变硬以前，它们看上去体色很淡，也很脆弱。把空的蜕搜集起来晾干，然后粘在一张标明蜕皮日期的卡片上，你就能得到一张漂亮的蜻蜓生长过程表了。

脸盖

活动关节

如果你收藏的蜕变得又干又脆，将其放在水中泡软，然后用大头针将脸盖展开。这是一个充分了解稚虫身体构造的好办法，还不会伤害任何活着的稚虫。

我出来啦！

从游泳到飞翔

在水箱中放几根棍子，使稚虫可以爬上去完成它最后的蜕皮过程。

稚虫令人惊叹的童年生活的终场就是转变成蜻蜓或豆娘的成虫。这是一个真正的奇迹，是每个人一生中至少需要目睹一次的奇观。预测这个过程的发生时间虽然比较困难，但还是有线索可以供你参考的。快要蜕皮的稚虫的翅芽会越长越大，眼睛也开始变得空洞。它会停止进食，将自己倒挂在水面上，鳃这时也停止了工作。此时一定要将木棍放入缸中，这样才能让稚虫爬离水面。当蜕皮的时刻到来时，稚虫会爬到其中一根木棍上，拱起身体，让皮肤裂开一个口子。慢慢地，一只幽灵般惨白并且浑身皱巴巴的蜻蜓从里面爬了出来。你一定要用数码摄像机记录下这个时刻！仔细观察，你会发现蜻蜓的翅慢慢地鼓起，身体上出现了颜色，皮肤也逐渐变硬。最终，它拍拍亮晶晶的翅膀，高高兴兴地飞走了。

和蜻蜓告别的时候到了，打开门窗，让它们自由地飞翔吧！

只要翅膀晾干，我马上就会飞走！

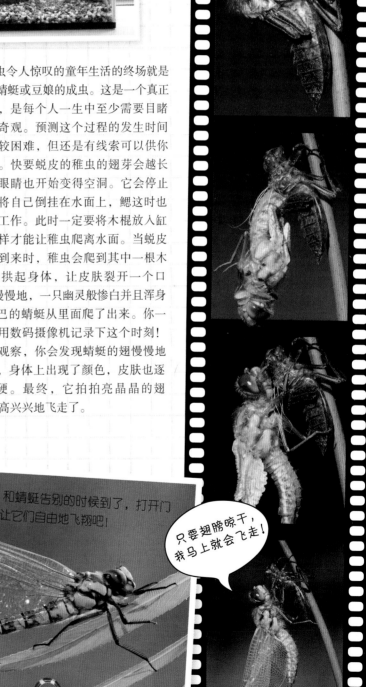

划 蝽

划蝽（chūn）是凶猛的水下捕食者，池塘、湖泊和小溪里都能看到它们的身影。它们的行为使我想起一些鸟类的捕食方式。鸟类从高处俯视地面，而划蝽倒挂在水面上观察水下的世界。一旦它的大眼睛发现猎物，它便会立刻俯冲下去将猎物从水草中间拖出来，再回到水面上慢慢吞掉。划蝽富有朝气的生活方式一定会给你的虫虫动物园增添更多的欢乐。

别被这种小虫咬到！
划蝽如果受到粗鲁的触碰，它们便会用尖利的口器进行自我防御，咬伤敌人。安全的做法是把它们捧在手中，但千万不要用力捏！

生物特征

水面

划蝽的倒影

前 腿
最前面的两对附肢上长着爪子，可以用来抓捕猎物。

老是倒吊着真让我头疼！

后 腿
布满了细毛的后腿。可以像桨一样划水。

口器或喙状嘴
这是一根锋利而富有弹性的进食管，用来刺入猎物体内，并注入可以将猎物制伏并消化的有毒唾液。接下来，口器的功能变成了吸管，划蝽可以用它吸食猎物的体液。

头部

复 眼
划蝽巨大的复眼由数百只小眼组成，看起来像科幻电影里的太空头盔一样。划蝽的复眼和蜻蜓一样，成像效果很好，可以对猎物进行定位。此外，复眼对偏振光也十分敏感（后文会提到更多）。

像船一样的身体

划蝽不仅有"桨"来推动身体运动，它的身体形状也像一艘皮划艇——非常适合在水上划行。因为它游泳的时候肚皮是朝天的，所以又叫作"仰泳蝽"。

胸部

腹部

绒 毛

划蝽的腹部覆盖着一层像蜡一样的防水绒毛，气泡就储存在绒毛下面和身体周围。

气 泡

划蝽虽然生活在水中，却需要呼吸空气。它们会将银色的气泡储存在身体周围和翅的下面，并用气孔呼吸气泡里面的空气，这些气泡还可以帮助它们控制身体的沉浮。

气 孔

当划蝽的腹部末端接触到水面时，防水的绒毛会展开，划蝽便能打开气孔补充空气了。下潜时，绒毛会自动盖在气孔上面。

翅

划蝽会飞这个事实会不会让你大吃一惊？它们的翅被保护在坚韧的翅鞘下面。储存在翅下面的空气让它们的翅在水中显得银光闪闪，非常漂亮。

划蝽乐园

饲养划蝽需要用经过处理的新鲜清水，方法与处理蜻蜓稚虫乐园用水的方法（详见第57页）相同。它们不需要太大的容器——大罐子或鱼缸都可以。划蝽是食肉动物，所以不宜群养，不宜将成虫与幼虫混养，也不宜和其他生物混养（活的猎物除外）。一个大罐子一般可以饲养2~3只划蝽。

面包虫

捕捉划蝽

池塘、湖泊和水流缓慢的小溪里都很容易发现划蝽。慢慢地接近它们，并仔细观察——划蝽会倒悬在水面上。即使受到惊扰沉了下去，也会很快再浮上来。用带把手的网或筛子把它们捞起来，迅速放进准备好的水桶或装有水的托盘盒里。否则，它们很快就会一跳一跳地逃走。

近亲

小划蝽

划蝽和仰泳蝽其实是一家人。也许你还见过其他一些和它们样子相似但体形更小的昆虫，这就是小划蝽。小划蝽的游泳方式比较正常，通常在水底活动，并以植物为食。它们虽然个头不大，却非常有魅力，甚至可以通过摩擦头部的两个附肢发出刺耳的声音，好像是在互相献唱。

千万别忘了！
划蝽会飞——所以你的容器要用盖子盖住，或是将一张网用橡皮筋或细绳绑在罐口。

水草

划蝽乐园

石块

雨水或池塘里的水

洗干净的沙子

蠕虫 ◁

🍽 喂 食

划蝽只捕食蠕动的鲜活猎物。它们爱吃小蠕虫、面包虫（在宠物店可以买到）、蛆（在渔具店可以买到）、苍蝇和蝌蚪。你也可以喂它们一些池塘生物，就像它们在自然界中生活一样。一旦将猎物放入水中，你就可以观察捕猎的过程了。除了用眼睛搜索猎物，划蝽还能用足和腹部上的触觉毛来感知猎物，这使它们能够在黑暗或混浊的水中捕杀活物。

当划蝽攻击猎物时，你会看到这场可怕的捕猎过程中的每一个细节。首先，划蝽用收缩自如的颚咬住猎物。当猎物麻痹或死亡后，它便开始吸食猎物的体液。我曾经观察到一只划蝽用这样的方式吃掉了一只蝌蚪。仅仅过了一个多小时，蝌蚪的身体就像气球一样慢慢瘪下去了。

注意事项

✋ 趋光性

你可以形象地证明到底是什么使划蝽游泳的姿势变成了头朝下。在黑暗的屋子里，把一只划蝽放进装着清水的透明容器里，然后用手电筒从容器下方向上照射——它会立刻变换游姿，用头朝上的方式游动。

✋ 瞬间出发的飞行员

划蝽经常是一个新池塘群落的第一个成员——它是怎么做到的呢？请你亲自找找原因吧。从水中取出一只划蝽，放在掌心上晾干，注意不要被它咬到。几分钟之后，划蝽便开始滚来滚去，想要跳回水中——杂技就要开始了。

梳洗时间
像游隼及你的宠物猫咪等一样，划蝽也非常注意自己的仪表。它们会花很长时间梳洗打扮，会用自己的腿擦亮眼睛、翅和防水的翅鞘。

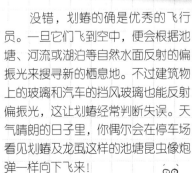

没过多久，当它意识到自己无法回到水中时，便会放弃这个方法，转而使用另外一种运动模式。当它开始揉眼并用腿撑住地面时，一定要仔细观察——这是划蝽飞行前的例行检查。接着，它突然用力展开双翅，弹到空中飞走了！

没错，划蝽的确是优秀的飞行员。一旦它们飞到空中，便会根据池塘、河流或湖泊等自然水面反射的偏振光来搜寻新的栖息地。不过建筑物上的玻璃和汽车的挡风玻璃也能反射偏振光，这让划蝽经常判断失误。天气晴朗的日子里，你偶尔会在停车场看见划蝽及龙虱这样的池塘昆虫像炮弹一样向下飞来！

致　谢

AES Bug Club (amentsoc.org/bug-club) – Just about the only UK club for younger people (age 5–15) into invertebrates.
Alana Ecology (alanaecology.com) – A supplier of all manner of equipment for the zoo keeper, from pots and tweezers to nets and cages.
Anglian Lepidopterists Supplies (angleps.btinternet.co.uk) – A supplier of everything for the bug hunter young or old. Including cages, pots and nets.
British Dragonfly Society (dragonflysoc.org.uk) – If dragonflies make you buzz and you want to know more, try this website.
Buglife (buglife.org.uk) – The invertebrate conservation trust; lots of creepy crawly related stuff on their website.
Butterfly Conservation (butterfly-conservation.org) – An organisation dedicated to conserving butterflies and moths. They also have good stuff for younger enthusiasts on their website
Dino-lite (absolute-data-services.co.uk) – High quality digital USB microscope specialists.
Virginia Cheeseman (virginiacheeseman.co.uk) – If you want to get all exotic (I'm thinking stick insects and tarantulas), then Virginia is worth checking out.
Wildlife Watch (wildlifewatch.org.uk) – The younger membership of the UK Wildlife Trusts partnership. There are local wildlife trusts throughout the UK, which means there will be one near you. A good place to get questions answered and find out more about insects and other wildlife.

Nick Baker would like to thank James at Absolute Data Services for loan of the Dino-lite microscope, and Andy at Alana Ecology.

Dorling Kindersley would like to thank Scarlet Heap and Stanley Heap for appearing in photographs, and Ceri Baker for her lovely lunches on photoshoots.
The publisher would also like to thank the following for their kind permission to reproduce their photographs.
(Key: a-above; b-below/bottom; c-centre; f-far; l-left; r-right; t-top)
Alamy Images: Arco Images GmbH / H. Frei 56tl; Lee Beel 27bc; Blickwinkel / Hecker 33bc; Blickwinkel / Kottmann 53bc; Blickwinkel / MeulvanCauteren 32clb; Nigel Cattlin 21ca; Matt Cole 11tr; Graphic Science 21clb, 35tr; David J. Green - animals 13ca; Chris Howes / Wild Places 49fclb; Hazel Jeffs 59bc; Lars S. Madsen 62fclb; Mercer / Insects 56; Nature Picture Library / Jose B. Ruiz 44bc; Robert Pickett / Papilio 11cra; Stefan Sollfors 43tc; Barry Turner 36bl; WildPictures 18tl.
Ardea: Johan de Meester 25fcr; Steve Hopkin 36clb, 41fcra; David Spears (Last Refuge) 10br.
Corbis: Naturfoto Honal / Klaus Honal 59fbr, 59fcr, 59fcra, 59fcrb, 59ftr; Hans Pfletschinger / Science Faction 41cl; Fritz Rauschenbach 47cla; Stefan Sollfors / Science Faction 45bc, 45clb; Visuals Unlimited 21cb, 29tr, 47ftr; Stuart Westmorland 14cl. **Dorling Kindersley:** Natural History Museum, London 6cl, 22fclb; Oxford Scientific Films 37br, 41ftl; Jerry Young 6crb, 11ftl. **Flickr.com:** Michael Balke 29crb; Rodents Rule / Carron Brown 17fcra; Captain Spaulding78 / Tim 11tc. **FLPA:** Nigel Cattlin 11cr, 11crb; Imagebroker 46-47; Imagebroker / Andre Skonieczny, I 36r; Mitsuhiko Imamori / Minden Pictures 10tr; Roger Tidman 47fcra. **Getty Images:** Botanica / Steve Satushek 19tl; Flickr / Achim Mittler, Frankfurt am Main 36bc, 40cr; National Geographic / Wolcott Henry 10clb; Panoramic Images 43ftr; Photographer's Choice / Derek Croucher 36cl; Photographer's Choice / Guy Edwardes 27cb; Photographer's Choice / Sami Sarkis 63crb; Photolibrary / Colin Milkins 20b; Photolibrary / Oxford Scientific 41tc; Stock Image / Stephen Swain Photography 16tl; Stone / Peter J. Bryant / BPS 22-23cb; Stone / NHMPL 21cla; Workbook Stock / Steve Satushek 47cr. **Krister Hall:** Photo.net 11br.
iStockphoto.com: Alexander Hafemann 4 (blank page); Tomasz Kopalski 17crb; Alexander Kuzovlev 7fcra (snail), 15bl, 64tr; Dave Lewis 17cr, 17ftr; Trevor Nielson 11bl (35mm frame), 17ca (35mm frame); Bill Noll 53ftr; Tomasz Zachariasz 11fcr, 12tr. **Thomas Marent:** 6-7t (butterfly), 26bl, 26cl, 26fbl, 26fcl, 26tc, 27br, 27cla; naturepl.com: Philippe Clement 29cra. **Photolibrary:** Oxford Scientific (OSF) 28crb; Oxford Scientific (OSF) / David M Dennis 49cr.
Photoshot: NHPA / A.N.T. Photo Library 49fbl; NHPA / George Bernard 55crb; NHPA / Laurie Campbell 10fclb.
Science Photo Library: Dr. Jeremy Burgess 40cl; Claude Nuridsany & Marie Perennou 40bl, 40br, 41bl; Andrew Syred 40ftl.
All other images © Dorling Kindersley
For further information see: www.dkimages.com

大餐味道好极了！